THE SERIES
OF FRONTIER

科技前沿书系

SCIENCE
&
TECHNOLOGY

现代科技中的天文学

张明昌　著

U0345539

山西出版传媒集团
山西教育出版社

引 言

　　人所共知，天文学是人类最早发展起来的一门古老的学科，从一些出土的文物看来，天文学诞生的时间可能比文字的产生还早，因为辨别方向，狩猎耕耘，很多生产与生活都离不开观察太阳与星星。古巴比伦的泥碑、尼罗河畔的金字塔、印度的历法、中国系统的天象记录、玛雅人的阿兹台克历碑、英国索尔兹伯里的巨石阵……都是最好的注诠。长期以来，世人总是把天文学与数学、物理学、化学、地学及生物学统称为六大基础学科。可以说，天文学是人类古文明的重要标志，人类文化的基本组成部分之一，今天，天文知识更是衡量一个现代人的文化素养，衡量一个国家、一个民族的文明程度的重要准绳。

　　天文学作为一门基础科学，首先它对古代人们有用。原始时代，无论中外，天文学都是"高层领导"才能掌握的高深的学问，人类与神灵的"沟通"要靠那些酋长、长老，而在东方的中国，天文学更是皇家所设的专门机构的专利，连他们颁发的历本也被封为"皇历"，平民私习天文是违法行为；西方解释天象的权利也是长期被教庭所垄断。但是由于它本身的无穷魅力，总是不断有人冲破禁令，不少科学家本身就是十分了得的天文学家。

　　在进入了"太空时代"的今天，古老的天文学又重新焕发出了强大的活力，高雅的天文学也"飞入寻常百姓家"。纵观世界，那些科学先进、工业发达的国家无不斥以巨资，或积极开发太空探测技术，或尽力建造更大、更好的巨型天文望远镜……而层出不穷的新发现、新资料、由此得到的新观念、新结论更是纷至沓来，其"知识更新"的数量之多，速度之快，涉及的范围之广，观念改变之大，无不令人瞠目结舌。

天文学也是人类认识世界、认识宇宙的有力武器，在人类认识世界、认识宇宙的思想发展史上起着举足轻重的作用——人类思想史上的两次大飞跃都是由天文学引发的。在黑暗的中世纪，"科学是神学恭顺的婢女"，宗教神学要求人"一切为了神，把一切献给神"；亚里士多德和托勒密的"地心学说"，不断被阉割和篡改，成为神学大殿的理论支柱，镇压科学思想的大棒，消灭"异己"的刽子手。当时就有一个教皇宣称，我们不再需要任何天文知识，因为，凡与《圣经》相符的观点，就是重复的、多余的，因而没有讨论和保存的必要；而那些与《圣经》相悖的书本，则是扰乱人心的"撒旦的谎言"，不应当让它流传下去。而且地球静止不动，万物在绕地球转动，也是人们司空见惯的"实际景象"，因而这种"地球是宇宙的中心，上帝创造世界"的观念，曾牢牢束缚了人们的思想达千年之久。

经过"四个九年"的大胆而艰辛的探索，波兰天文学家哥白尼终于明白，当时的托勒密地心体系"不是忽略了一些必不可少的细节，就是硬塞进了毫不相干的东西"。他在 1543 年临终之前发表的《天体运行论》，看来似乎只是把地球从"宇宙中心"移开，换上了太阳，亦即是创立了"日心说"。尽管后来人们逐渐明白，太阳本身只是一颗极其普通的恒星，根本不是什么"宇宙的中心"——浩瀚无际的宇宙本来并无什么"中心"。但日心说不仅奠定了近代天文学的基础，更是一场把科学从神学中解放出来的伟大的革命，它所掀起的轩然大波动摇了教庭的权威，其影响之大、震撼之深真是前所未有，不愧是"自然科学的独立宣言"，文艺复兴的先驱。正如一个教皇哀叹的那样："如果地球只是绕太阳的众行星之一，那么《圣经》上所讲的那些重大事件就根本不可能出现了。"因此，恩格斯对日心说的评价是："从此自然科学便开始从神学中解放出来"，"以后也就大踏步地前进了"。

天文学所引发的第二次思想革命是让科学挣脱了形而上学机械论的枷锁。在16世纪至18世纪时，科学家们所注重的是：研究对象的具体成分、数量和特性，在这种分门别类的研究中，人们所采取的方法常常是孤立的、静止的，把自然界当做一个既成事物，而忽略了其变化和发展的一面。1692年，德高望重的英国大科学家牛顿在给主教本特利的几封信中，提出了著名的"神的第一推动力"，他认定，如果不是神的干预，同样的物质怎会有的形成发光的太阳，有的却变成了行星？它们怎么可能组成如此和谐协调的太阳系？牛顿认为，这完全是因为上帝作了"第一次推动"，行星才能在近乎圆形的轨道上绕太阳转起来，而从此后，行星就会"按照力学的定律永远转动下去，直到世界的末日"。于是，自然界亘古不变的观点统治了整个科学界。地理学认为地球被创造出来后，便始终一成不变地保持原样：不但是"五大洲"、"四大洋"不会变，连地面上的山川、河流、峡谷、森林、草原甚至各地的气候都是一成不变的。瑞典植物学家林耐的"物种不变论"更是把此推向了极端，他说"龙生龙，凤生凤"，"上帝原先创造了多少个物种，现在就有多少个物种，它永不改变"。一个名叫克利斯坦·沃尔弗的德国哲学家还发展出了"目的论"——上帝创造出猫来是为了吃老鼠，而老鼠则是为了要被猫吃才来到这个世界上的；人长了鼻子是为了可以戴眼镜，长了大腿是为了可以穿裤子；上帝创造出石头来是因为人在造房子时需要用到它们……这样，正如恩格斯所言，这时期"自然界的任何变化，任何发展都被否认了"。"哥白尼在这一时期的开端给神学写了挑战书，而牛顿却以神的第一推动力的假定结束了这个时期。"

在这种形而上学自然观上打开第一个缺口的又是天文学。

1755年德国青年哲学家康德在《宇宙发展史概论》一书中，首次用科学的观点探讨了太阳系的形成问题，指出太阳系中的所有天体都是由一团"原始星云"通过万有引力逐渐形成的。从根本上否定了上帝在其间的作用。此后不久，法国著名天文学家、数学家拉普拉斯在事先并不知康德工作的情况下，于1796年也独立提出了类似的"星云说"，发表了《宇宙体系论》。两个大同小异的星云说彻底否定了牛顿的"第一推动力"，科学地说明了地球及太阳系内的所有天体都是在自然规律的作用下逐渐形成的，天体都有其产生、发展的历史。正如恩格斯所说："康德……的学说是从哥白尼以来天文学取得的最大的进步。"它"包含着一切继续进步的起点"。随后，地学、生物学、物理学、化学等也纷纷举起了批判的大旗，形而上学的大堤也就被冲得千疮百孔、分崩离析了。

天方学作为基础学科，对于其他科学的发展及互相间的推动作用也是数见不鲜的。它促进了数学、物理学、化学、地理学、气象学、生物学、哲学、测量技术、遥控遥感技术、分析技术……反过来，其他科学、技术的成果也相应地推动了天文学的进展。有的则互相结合成富有生命力的新的边缘学科。进入20世纪后，天文学以其独有的大尺度、高真空、高密度、超高温、超低温、高能量、强磁场、高辐射……成为难得的"天然实验室"，更为广义相对论立下了殊勋，它为验证爱因斯坦的天才理论提供了众多的观测依据。而"太阳中微子失踪案"、太阳"五分钟振荡"之谜、黑洞的奥秘、太空中的"引力透镜"、类星体的能量之迹、"超光速"现象、宇宙中的"暗物质"有多少？它们在哪里？宇宙是否真是起源于一次大爆炸？在宇宙深处究竟有没有一个"反物质"组成的世界？"宇宙人"到底存在吗？如何才能与他们联络？……这些引人入胜的悬案不仅让人津津乐道，有的还是向当代科学提出的严峻挑战，而历史的经验告诉我们，人类每揭开其中的一个奥秘，相应地科学就会向前大大前进一步。现在，人们的观测技术、观测手段已非昔比，从光学发展到了"全波"，在太空中运行的众多的人造卫星、太空望远镜及飞向远方的宇宙飞船，又使古老的天文学变得朝气勃勃，成为当今科学前沿最活跃的学科之一。由此可见，天文学的魅力将永远吸引着人类去探索、进取。

相信读者在阅读了本书之后，也会被宇宙间的各种各样的奥秘深深打动，同时也会对它倍感亲切——天上的星星并不遥远，神奇的宇宙并不神秘。

目　录

第二章 日常生活中用到的天文学

第三章 天文学与其他科学的相互推动作用

第四章　高科技前沿中的天文学

第五章　太空时代的天文学

第六章 新世纪天文学的展望

古代文明离不开天文学

虽然有人考证说，"天文"一词最早出现于两千多年前，《易经》上有："观乎天文，以察时变"……"仰以观于天文，俯以察于地理。"但实际上，天文学的起源要早得多。记得古希腊有一位先贤说过："人们会偶尔抬头看看天空——这件事表明他们有别于其他动物。"显然，看天空再加上思索，就会产生天文学。

即使还在茹毛饮血的上古时代，原始人为了生存，必须经常去狩猎，采集瓜果。在旷野中与野兽追逐，需要辨别方向；畜牧需要了解气候；稼穑更要掌握季节，这一切都与天文学有关。因而，天文学在古代显得非常重要，以至我国古代流传有："三代以上，人人皆知天文。""七月流火，农夫之词也。三星在户，妇人之语也。月离于毕，戍卒之作也。龙尾伏辰，儿童之谣也。"至今西方不少国家仍以谈论天文学为时髦，甚至在菜场、超市也会听到"Big Bang"（大爆炸）"Black Hole"（黑洞）之声。所以，不必奇怪，所有的古代科学家几乎个个都是通晓星空的天文学家，这样的例子俯拾皆是。

第一节　古代科学家无不都是天文学家

博学多才的亚里士多德

大约比我国孔子略晚两个世纪，古希腊曾出现过一个伟大的科学家、思想家，这就是人称"古典世界最博学的人"、"集古代知识之大成者"的亚里士多德。他是人们公认的一座历史丰碑，他年轻时当过医生、参过军，后来成了著名学者柏拉图的学生。可他从不盲从先生，兴趣广泛的年轻人很快在物理学、力学、天文学、生物学、化学、气象学、心理学、逻辑学、政治学、历史学、伦理学、哲学、美学、诗歌等方面都有了建树，所以他很快便超过了老师，柏拉图感叹地说：正像小马超过老马一样，亚里士多德把我压下去了。

有人认为，在他去世后的几百年中，从来没有哪个人的知识和才华能达到他那样的高度、那样的广度、那样的深度，他的那些著作：《物理学》、《天论》、《动物志》、《论植物》、《解剖学》、《论生殖与死亡》、《分析后篇》……不仅被后人一致赞颂为"古典世界学术的百科全书"，甚至直到中世纪早期，欧洲的科学界、知识界仍固执地认为，他们的任务不是去探索新的世界，而是应当从亚里士多德一千多年前遗留下的著作（有的已经散失，有的只能从其他译本的片断中去推揣）残本中去"理解"和猜测其原意，吸收和消化他的研究成果。以至恩格斯也曾评价他是古希腊中"最博学的人物"。

亚里士多德当然也是了不起的天文学家，他研究过彗星、流星的运动，他窥破了月食的奥秘，而他在天文学上最大的贡献乃是用观测事实确切证明了大地是球状的。中国古代认为是"天圆地方"，在西方除了认为大地是平直的（如恩佩多克勒、阿那克萨哥拉等）外，也有认为是鼓形的（留基波）、凹形的（赫拉克里特）、柱形的（阿那克西曼德）……几乎能想到的形状都被人提到了。虽然也有人提出过是球形的（中国的"浑天说"；希腊的毕达哥拉斯、柏拉图），但只有亚里士多德举出了众多的有关球状的观测依据：（1）月食时地球投在月亮上的影子是圆的，他说："当月食的时候，其显明部分恰带有球形的形状……月食的原因乃是由于地球掩蔽之故，所以说地球表面的球形确定了月球的轮廓。"（2）在地中海航行时，远方的来船总是先看到船的桅杆，然后才慢慢见到船身；（3）人们向南或向北旅行时，会发现星空中的星体不同，例如有些在埃及和塞浦路斯岛能见的天体，到了北方就不再出现了，又如在希腊，北极星显得很高，而在埃及就很低，再往南就看不到它了。后来他更进一步从运动学角度对大地球形作了理论证明，并用此来解说不同地方的气候各不相同是因为阳光射入的角度不一样。

亚里士多德还从观测事实证明了"地球处于宇宙中心不动"的观点。因为如果地球在运动，人们就应当看到恒星在天穹上的位置会有变化（即"视差"），但从来没有人见到过这种变动，这只能说明地球不在运动。继而他还建立了宇宙的"水晶球"模型。其实，恒星的视差是存在的，只是它太小了，别说那时，就是用望远镜也不能轻易发现——直到19世纪初，人们发明了可以测量出0.01秒微角（相当于能察觉200千米外一只蚂蚁爬过1厘米）的仪器后，对此问题才有所突破。亚里士多德关于大地球形的证明惹恼了封建教会，因为这等于否认了"地狱"的存在，因此在相当长一段时间里，他的著作一直被视做洪水猛兽而被列为人们不得接触的禁书。直到1029年罗马教会又一次严厉查封、销毁了亚里士多德的著作，第二年，巴黎教廷走得更远，竟把10名私自阅读此类书籍的大学生送上了火刑架！只是到了后来，教会见大势所趋，才改变策略，反而把他捧成权威，篡改了他的原意，才使他的一些错误观点成了近代科学发展的巨大障碍。

亚里士多德晚年的生活很不稳定，公元前323年他的学生亚历山大大帝去世后，全国陷入战乱中，在逃难生涯中，他毕生积累的资料全部散失，几十年苦心搜集所得的动、植物标本也失于战火，在无法继续研究的绝望中，他于前322年服毒自尽，享年62岁。

中国古代的通才张衡

在东汉年间，我国出了一个伟大的科学家——天文学家、数学家、地质学家、气象学家、哲学家、水利专家、文学家、大画家——张衡。

张衡于公元78年诞生在河南省南阳县的一个贫困之家，虽然祖父张堪也曾做过几年地方官，但因不会逢迎，很快就家道中落，到张衡出世时，已经到了捉襟见肘、一遇灾荒便需要靠借债来度日的地步了。

张衡自小就常要他父亲教他看天认星，他也记得很牢。相传有一次小张衡一人在山里迷了路，但他一点也不紧张，而是耐心等到天黑，凭着他熟悉的星空知识，靠北斗星的指引回到了家中，让家人们又惊又喜。在他10岁时，父亲已撒手人寰，多亏舅舅对他十分疼爱，及时把他送入书馆。不久他便展露才华，名闻乡里，20多岁时他以《东京赋》和《西京赋》确立了他在文学上的地位。

公元111年，早已"观太学、通五经、贯六艺"的张衡被召到京都出任"郎中"，4年后升为"太史令"——掌管全国的天文、历法、气象、地震等工作，这使他的才华得到了充分的发挥。在其任职的14年期间，他写下了不朽名著《灵宪》，从哲学的高度全面阐述了天、地的形成和结构；说明日月星辰的本质和运动，极大地推动了"浑天说"的发展，他也因此成为这个学说的一个重要代表人物。在《灵宪》中，他又阐明了"宇之表无极，宙之端无穷"的思想，即表明他认为宇宙在时间上、空间上都是无限的。该书还采用了赤道、黄道、北极、南极等概念来说明行星的运动。

张衡已清楚地知道月亮本身并不发光，他有一个形象的比喻："日譬犹火，月譬犹水"所以"月光生于日光所照，当日则光盈，就日则光尽"，以此来说明月相的成因。他还进一步说明了月食的道理："月光生于日光所照……当日之冲，光常不合者，蔽于地也，是谓暗虚。在星星微，遇月则食。"他亲自做过大量的实际观测工作，统计出在中原地区肉眼能看见的恒星约为2500颗；他也测定了太阳和月亮的角直径值，其误差甚小；他指出早晨和傍晚所见的太阳大小不一乃是一种光学上的错觉……

在数学方面，他著有《算罔论》，得到了圆周率的近似值为10的平方根≈3.162；他也绘制过一些地区的地形图，故在地理学上他也占有一席之地。所以他的一位朋友称赞他"术数穷天地，制作牟造化"。

他还有众多的发明创造：除了巧夺天工的"浑天仪"可以让人在屋子里见到实际的天象外；闻名于世的"地动仪"曾经测出了远在千里之外发生在甘肃省的一次地震，令世人侧目；他制造的"候风铜鸟仪"可以测定风向和风速，比西方的同类仪器至少早了一千多年；此外，他还制造过能辨识方向的"指南车"、会自动记录路程的"记里鼓车"、能在空中飞翔的木鸟……许多器械让人拍案叫绝。

张衡一身正气，不畏权贵，坚决反对当时极其时髦的"图谶"说，有力地抨击它是一些"虚伪之徒"的欺人、迷信之谈，必须"一禁绝之"；他还无情地揭露过在太学考试中的种种弊端……

同时，张衡还是一个浪漫的诗人，他那脍炙人口的《思玄赋》也被认为是世界上最早的人类星际旅行畅想曲，他的绘画造诣也使他跻身于六大名画家之列。据载，他为后人留下的科学、哲学、文学等方面的著作共有32篇。

为了纪念这位伟人，国际天文学联合会决定，把第1802号小行星称为"张衡星"、并把月球背面的一座环形山命名为"张衡山"；我国于1956年专门在其出生地修建了张衡墓，由郭沫若撰写了碑文："如此全面发展之人物，在世界史中亦属罕见。万祀千龄，令人敬仰。"

比巨人还高的牛顿

1642 年 12 月 25 日也许是一个不可多见的巧日子,那天意大利的伽利略与世长辞,而另一位大人物、英国的爱萨克·牛顿来到了人间。牛顿是一位被美国阿西摩夫称为"迄今为止世界上最伟大的科学家"的巨人。恩格斯的评价是:"由于发明了万有引力定律而创立了科学的天文学,由于进行了光的分解而创立了科学的光学,由于创建了二项式定理和无限理论而创立了科学的数学,由于认识到了力的本质而创立了科学的力学。"不过,牛顿本人却并不因此就飘飘然,他十分平淡地告诉人们:"如果说我比笛卡尔看得远一点,那是因为我是站在巨人的肩上。"

牛顿幼小时,家境也相当清苦,父亲在他出生前两个多月就已经病故,而且那时战乱不断。在外祖母那儿上学时,他并未能表现出什么出众之处。到了中学时,起先的成绩仍然不好。为此,他经常会受到一些大同学的欺负,可有一次他奋起反抗,居然还取得了完全的胜利,竟然使对手向他求饶。从此后,他信心大增,开始发奋起来,并很快成为一个优秀生。1661 年,也是在他舅舅的帮助下,他进入了剑桥大学三一学院,并幸运地遇到了著名数学家巴罗博士。从此,他如鱼得水,在取得了博士学位的第二年,可敬的巴罗毅然让贤,举荐仅比他小 12 岁的牛顿继承他的教授职位,主持"卡卢斯数学讲座"。牛顿也不负众望,开始放射出耀眼的光芒。

在天文学方面,牛顿有两大杰出贡献:一是发明了反射望远镜,大大提高了观测的效率,后来的大望远镜几乎全是这种反射式的。1672 年,30 岁的牛顿在皇家学会当众进行了演示,结果得到了极高的评价,他也因此成为皇家学会的正式会员;他的第二大贡献是发现了万有引力定律。

关于万有引力的发现,历来有多种版本的故事。其实不然,因为天体间的相互吸引,人们的确很早就有所思考。例如,1600

年英国的吉尔伯特在出版了第一本磁学著作后，德国开普勒便曾用磁力来解释行星绕太阳的运动；1645 年法国有人指出，这种"开普勒力"与距离的平方成反比；1666 年意大利也有人说，在木星和木卫之间，存在着一种使它们互相接近的"重力"，其大小恰与其距离的平方成反比；1673 年，荷兰的惠更斯甚至已走到了成功的边缘——他从单摆的研究中已得到了正确的加速度的式子；而比牛顿大 12 岁的同胞胡克竟然也得到了这个公式，可惜他怎么也无法证明它！

1684 年 11 月，牛顿把他的研究成果写成为一篇论文《运动论》，并将它寄给了挚友哈雷，哈雷即在皇家学会作了备案。哈雷还极力鼓励牛顿，要他把所研究的一切都写出来。正是在哈雷的怂恿与鼓动下，牛顿花了一年多时间，把许多问题总结在他的划时代的巨著《自然哲学的数学原理》中。可谁又会料到，这样的煌煌巨著竟几乎被束之高阁，他们推诿说没有经费来印刷……好一个哈雷，他勃然拍案而起，并决定用自己的薪金来换取另外一本书 50 册的版权，正是经过这一番斗争，牛顿的大作才得以于 1687 年问世。

牛顿无疑是伟大的，他因此两度入选英国议会，1703 年还受到女王的册封，并长期担任了英国皇家学会会长。在他 1727 年去世时，成为第一个获得"国葬"殊荣的科学家。然而，"金无足赤"，牛顿同样也会犯错误，而且，他的错误所造成的危害也往往比其他人更大。尤其是在牛顿的晚年期间，他沉湎于神学，孜孜以求地试图证明"上帝"的存在，把太阳系的起源归功于"上帝的第一次推动"，极大地阻碍了科学的发展。其间的深刻教训值得人们永远深思。

渔家子弟成大才

18 世纪的科学史中，还有一个不可忘记的人物，那就是俄国的大学者米·瓦·罗蒙诺索夫。他在包括物理学、化学、天文学、矿物学等许多学科都有杰出的成就，同时，在哲学、文献学、历史学等方面，也有相当的造诣。最后，他还是一位了不起的大诗人，他的许多科学见解、学术观点都是以诗的形式表达出来的。

罗蒙诺索夫于1711年11月19日诞生在一个贫苦的渔民之家，在那穷乡僻壤，年仅10岁的他，从儿童时期就得帮助父亲到德维纳河上去捕鱼捉虾，但辛劳的生活并没有使他悲观消沉，相反地，这反而激发起他强烈的求知欲望。在他19岁时，他花了一个多月，只身徒步800多千米，终于来到了莫斯科。

在这异乡客地，他举步维艰，但他并不气馁，而是面对现实，发奋学习。为了求学，他隐瞒了自己那低微的出身，混进了一所贵族教会中学（它的好处是不收学费）。罗蒙诺索夫几乎没有经济来源，只能咬紧牙关，仅靠3个戈比维持一天的全部生活，艰苦程度可想而知。他那贫困的境况，自然会经常受到别人的奚落和嘲笑，但他总是不亢不卑，却又暗下决心，要在学习上与他们见高低。

开始时，他不懂拉丁语，根本听不懂老师在讲什么，因而经常要受到训斥。但他凭着顽强的毅力，加倍发奋努力，终于渐渐赶了上来，并且开始名列前茅。最后，8年的课程他仅用了5年时间便全部读完了。

1736年他25岁时，先后进入了圣彼得堡大学和马尔堡大学，终于成为一个知识渊博的大学者。但他始终保持着平民的本色，出淤泥而不染，不与浊污合流，并且经常抨击当时的腐败政治。为此，他在32岁时曾被沙皇投入监狱，幸亏他那时已经有了相当的声誉，所以仅在牢内过了8个月便获释了。

在1745年被授为科学院教授后，他开始大放异彩，连续发表了多篇重要的科学论文和论著，提出了著名的"物质守恒"和"能量守恒"两条重要的基本定律。

罗蒙诺索夫认为，宇宙是无限的，在这无限宇宙中，栖息着各种生物的星球多得难以计数。而世界的一切，无论是地球还是宇宙，必然都在不断的变化、发展之中，他说："如果认为一切东西都跟世界一起产生，因而不会变化，这仅是一厢情愿的瞎想，而且还是非常有害的瞎想。"

在观测发生于 1761 年 6 月 5 日的金星凌日时，他原是领导者和组织者，但他还是亲自参加了实际的观测工作，并从中得到了重大发现，在《1761 年 5 月 26 日（这是俄国旧历日期）圣彼得堡皇家科学院观测到的金星凌日现象》那篇论文中，他指出，在金星上存在着大气密度不低于地球的大气层，这也是人类第一次确凿证明其他行星也可能拥有大气；而在稍后发表的另一篇论文《金星凌日的补充说明》中，则猛烈抨击了封建教会的愚昧无知，说他们几百年来一直"把天文学紧紧地咬在嘴里，不许它转动"，"蛮横地把真知灼见扼杀了许多世纪。"

在罗蒙诺索夫时代，不少人还认为太阳本身是一个僵冷的固体球，热的只是它外面的一个包层，甚至连赫歇耳那样的大天文学家也认为，太阳的黑子中可能有人居住着呢！但罗蒙诺索夫却清楚："太阳是永远燃烧着的海洋"。

在他处于颠峰期间，他曾受命改组了圣彼得堡皇家科学院，并在莫斯科创办了大学，后来他还成了瑞典皇家科学院院士。可贵的是，他依然故我，始终保持着生活俭朴的好习惯。不幸的是，在他晚年时，终于还是受到了政治迫害，1765 年 4 月 15 日，他的心脏停止了跳动，走完了他 54 岁不太长的一生。

第二节　古埃及的天文学

从金字塔谈起

世界闻名的埃及金字塔是古代的七大奇迹之首。甚至在凯撒大帝的大军渡过卢比孔河、耶稣出世之前，它就已成了闻名遐迩的古迹，还在公元前5世纪时，古希腊哲学家希罗曼德斯去那儿游览时，就已经找不到知其历史或来历的人了。

金字塔也是埃及的象征，它们至少已有五千多年的历史，现存最大的是"胡夫"大金字塔，它高高耸立在尼罗河西畔的一片沙滩上，距离开罗约16千米，据考证，胡夫是第四王朝的奠基人，该塔也就是他的陵墓，所以前面还有"狮身人面像"为他守陵。

金字塔是一个标准的正四棱锥，底部是一个正方形，四个侧面均是等腰三角形，其外形与汉字中的"金"字相似，故得名。据测，该塔原高157.18米，底层每边长230.77米，体积约为2521000立方米。但岁月无情，长期的风化侵蚀作用，使它现在的高度和底长分别减为146米左右和230.38米。人们估计，它由230万至250万块巨石筑成，最轻的也有1.5吨，最大的则达16吨！要4辆解放牌汽车才载得动，平均每块重2.5吨。可见其工程是何等的浩大，以至当1799年拿破仑率大军来到这儿，目睹这一奇观也无限感叹，他对其部下说："4000年的历史从这金字塔的顶端正默默注视着你们。"他还作了计算，如果用这个金字塔的石料来造围墙，墙高10英尺（3.05米）、厚1英尺（0.305米），那它的长度足以把整个法兰西的边界围得水泄不通。

更令人惊讶的是，它们的建筑水平之高实在匪夷所思：不仅底部的正方形极其标准，四边严格相等，而且四条边正好分别指向正东、正南、正西、正北，最小的误差还不到半度（一般用罗盘测定方位的误差要比此大好多倍呢）；石块与石块之间虽然并没什么诸如水泥之类的粘合物，但缝隙间却紧密得连刀片都很难插进去；而位于北面的隧道下倾的角度正巧与开罗的地理纬度差不多，也就是说，当时人站在塔内，正好可以见到北极星……

由此可见，金字塔虽然是法老的陵墓，但其足以证明，古埃及的天文学已达到了非常高的水平。早在第三王朝（约前 27 世纪）以前，古埃及人已经认识了很多星座（如天鹅、仙后、白羊、天蝎、牧夫、猎户……）和星星（如昴星团），并把赤道附近的恒星分成了等距离的 36 组（每组有 1 至数颗星），它们分别管辖 10 天，故称之为"旬星"。当某一旬星从东方地平线上升起时，就标志着这一旬的到来。古埃及人把 3 旬合为 1 个月，又把每 4 个月并为一季——当时埃及人认为，一年只有三个季节：洪水季、寒冷季及夏季。他们总是在寒冷季播种，到夏季收获，所以埃及最早的历法是一年三季 12 个月，共 360 天。这恰恰又是现在通用的公历的最早雏型，后来人们在实践中才慢慢把年长改为 365 天。

他们也有了"1 天"的计量方法：尽管他们也是把从日出到日落称为"昼"、从日落到日出称为"夜"，它们各长 12 小时；但显然每 1 小时的实际长度并不相等。不过他们很早就会使用漏壶来测量时间，而且，目前世界上留存的最早的漏壶，正是他们在公元前 14 世纪制造的遗物。其形状为截头圆锥体，上面部分较大，下端部分稍小，泄水的小孔隙开在接近底座的一侧，这种形状可以部分抵消因水位高低而造成的水流出速度的不同，以便得到较为均匀的时间。

在一些人眼里，金字塔还有许多神秘的东西：例如，有人说，塔的高乘以 10 亿就是地球到太阳的距离；而穿过这个大金字塔的子午线正巧把地球上的陆地、海洋等分成相等的两半；塔高的 2 倍除以底面积，又恰好就是圆周率 3.1416；它的高与边长之比为 0.618，即是黄金分割的比例。……19 世纪苏格兰有位名叫查尔斯·史密斯的天文学家，甚至"发现"了"金字塔寸"这样的奇异单位，据说以它表示出来的体积数，竟是创世以来全球所有的死人与活人数的总和；甚至还有人声称，金字塔内蕴藏有神奇的能量，会使旧刀片变得锋利无比，食品也会永不变质……当然，这是陷入了神秘主义，不足为训了。

天狼星的神话

在朔风凛冽的冬季，星空分外灿烂，尤其是那颗亮晶晶的天狼星，更有许多动人的故事。天狼星在西方的星座中属于大犬α，离我们约 8.6 光年，其半径为 120 万千米，是我们太阳的 1.7 倍；它的表面温度达 11000 度，几乎是太阳的 2 倍，它也是全天空中最明亮的恒星，那宝石般的青光特别惹人喜爱，故而也是一位受到古代各民族都崇敬的星神。

在希腊神话中，大犬是猎人奥赖翁一头训练有素的猛犬，名叫西乌里斯，每当主人外出狩猎时，它总是奋勇开路，搜查猎物，一旦有什么危险的苗头，它又会不顾一切冲上前去，与野兽搏斗厮打，因而深得主人的宠爱。

我国古代把它想像为一头凶猛的狼犬，一直觊觎着太阳、月亮，总想把它们吞下肚子中去。如若它一旦得逞，就会发生惊天动地的日、月食，所以战国时代大诗人屈原写下了"举长矢兮射天狼"的佳句，汉代大天文学家张衡也有"弯威弧之拨剌兮，射嶓冢之封狼"这样充满了浪漫主义的诗文。

古埃及人观天识星的历史非常悠久，从流传下来的星空图看，大概一直可以追溯到公元前 3500 年，全天最亮的天狼星当然早就引起他们的注意了。实际上，天狼星与古埃及更是休戚相关，因为他们发现，每当这颗亮星正好在黎明时刻从东方升起时，尼罗河泛滥的日期马上就要来临了。也正是这个原因，使他们很早懂得了历法，所以马克思曾指出："计算尼罗河水涨落期的需要，产生了埃及天文学。"由此可想而知，埃及人对它有多么崇拜了，在他们眼里，天狼星不是一颗普通的星，而是统管着神、人、鬼三界的女神，名为索普德，在那哈托尔神庙的墙壁上，至今还留有众多敬仰、赞颂它的诗句：

"索普德，伟大的星，你在天上闪耀……"

"神圣的索普德，让尼罗河在上游的土地上泛滥吧！"

正是靠了天狼星，埃及人才逐渐把一年从 360 天改为 365 天、365.25 天，成为后来公历的始祖。上述的旬星，都位于天赤道附近，所以，除了用来确定季节与年长外，古埃及人还另有妙用：根据天文学家事先制成的表，结合当时的日期，从旬星的升落状况便可确定夜间的时辰，故旬星又是当时埃及人的"钟表"。

除了圭表、日晷等天文仪器用于测定时日、季节、年长、方向外，为了绘制星图、测量星体的地平高度，古埃及人还发明了一种供夜间使用的天文仪器——"麦开特"。更确切地说，它更像是一种瞄准器，它大体上由两根竹竿或木板组成：把其中一块平板在中间开一条缝，再把它沿着南北方向置于一根与地面垂直的柱子上（用一个悬锤校准），另一根也垂直放于其后面，在观测时，需要二人协同配合，通过前后、左右移动，先利用"北极星－狭缝－悬锤"三点成一线，以此来定出当地的子午线，同时这也是这里的南北方向。然后再守候所要观测的星，并记下它通过狭缝的时刻，这样不断的观测，就可画出较好的星图。测量星体的高度更加简单：也是把它们依序慢慢移动，直到让观测者能通过它见到要测的天体为止，这时可从它们之间的距离与高度算出那个天体的地平高度来。现在人们找到的最古老的麦开特，是公元前 1000 多年前的实物，也是现存的埃及最古老的天文仪器。

第三节　中国古代天文学

怪字中的天地

我国是世界四大文明古国之一，有着极其光辉灿烂的古代文明，先进的观测仪器、精湛的历法、丰富的天象记录和宇宙理论……都是值得令人自豪的成就。据科学家们严密考证，在我国两河（黄河与长江）流域的广袤大地上，至少在六七十万年前，我们的祖先就在那儿生活、劳动、繁衍……到了新石器时代，已开始出现了农业和畜牧业。天文学也就开始慢慢发展起来，大致在六七千年前，我国的原始农业已具备了相当水平。在仰韶文化的遗址中，人们找到了许多粟粒和留做种子的菜籽，而长江流域那儿已经广泛种植水稻，各种家畜亦已相当兴旺。在江苏邳县四户镇大墩子的遗址中，墓葬的取向大体上都相同，这一切都有力地说明，那时我们的祖先已经有了相当的天文学知识。在新石器时代出土的一些彩陶上，常有一些形似太阳的纹饰，例如郑州大河仰韶文化遗址出土的一个彩陶片上，有一个图形是中间为红色的圆心，四周则有褐色的光芒——显而易见，它是太阳的象征。1963 和 1973 年，我国科学家在山东省莒县及诸城县均出土了带有图案的陶尊，除了"斧"和"锄"等象形字外，还有一个即是表示了日出的字（图 1－1）。一般认为，左边的即是一个"旦"字，你看，那上面并不太圆的圆圈显然表示太阳，下面的符号即表示是云彩；右边部分最下面的"图案"代表了山川，多数人的意思这可能仍然代表了"旦"字，从而说明了我国古代对天象观察的细致。从《尚书》中则可发现，当时人们不但已经有了"年"的概念，而且还能根据在黄昏时候南方夜空中有什么恒星，来判断当时处在什么季节了。

图 1－1　新石器时代陶尊上的象形文字"旦"

到了奴隶社会的夏代，我国已有了专门的天象观测官员，从出土的甲骨文足以证明，商代就已出现了"干支"纪日的方法，而使用的历法已达到了相当的水平：一年有 12 个月，月则分大、小月，大月 30 天，小月 29 日，并用闰月来调节年的长度……同时，甲骨文中还有大量的天象记载，其中有关于日食、月食、新星和超新星等的资料。到了今天，这些难得的文献资料更加显得价值非凡。

稍晚一些的西周时期，我国对星空已有了相当仔细的研究，在 1678 年湖北随县出土的一个古墓中，发现有一个漆箱，在它的箱盖上已有了二十八宿的名称及青龙、白虎的图形，这充分表明二十八宿在那时已经大体形成。不仅如此，那时对于行星的运动也有了一定的认识，已经得到了岁星（木星）在星空中的运行周期约为 12 年，并以此产生了"岁星纪年法"。从我国最早的诗集《诗经》中有"十月之交，朔日辛卯，日有食之，亦孔之丑，彼月而食，则维其常"、"七月流火，九月授衣"、"维南有箕，不可以簸扬；维北有斗，不可以挹酒浆"……也可看出，当时人们已经知道，日食只发生于朔日，明确了星象与季节有关。更重要的是，当时我国的天文观测已开始使用了一些简易的诸如圭表、漏壶之类的天文仪器，有了一次大的飞跃。

顺便指出，上述《诗经》中所提及的那次日食，经考证乃是发生于周幽王六年（前 766 年）十月初所发生的一次特殊天象，也是世界上最早的日食记录，从文意看，可能当时人们已认识到日月食是天体的正常运动，让大家不必大惊小怪。这是何等精辟的见解啊！

最古老的天文台

中国有句成语"沧海桑田"，用来说明时间可以改变世界一切的道理。的确，由于历史长河的冲刷，大自然的风化和侵蚀作用，古代的文物、遗迹、史料等，能够留传到今天的真是凤毛麟角，寥寥无几。

1992 和 1993 年，中国社会科学院与商丘县文管所协作，考察了位于商丘县城西南不远处的一个土丘，当地人称其为"火神庙"（又称"阏伯庙"）。现在测定的丘高约 10.5 米，底边的周长约为 330 米，土丘顶上则有一座庙宇——火神庙。在其附近还有一个名为"火星台村"的小村落，其村名也是自古而来的。

据各方面专家认真研究和考证，他们广泛查阅文献，多次进行钻探，分析土层堆积物，认为它原是一个天然的土丘，原先高只有 8 米左右，后来经过 2 次覆土加高……专家们在台基的堆积物中，还捡到了 10 多片汉瓦和几块汉之前的残豆沿、豆柄、鼎足等实物，而在 10 米厚的夯土层之中，他们又找到了东周时期特有的灰陶片……所有这一切，可以让人得出这样的结论：这可能是一座建于帝尧时期的古天文台遗址，距今已有四千多年的历史，这火星台村很可能就是当年"火星台"上的工作人员的居住地，而阏伯正是该天文台的首任台长。

阏伯何许人也？据古籍《左传》记载："昔高辛有二子，伯曰阏伯，季曰实沈，居于旷林，不相能也。日寻干戈，以相征讨。后帝不臧，迁阏伯于商丘。主辰，商人是因，故辰为商星；迁实沈于大夏，主参……"商星和参星，相当于西方的天蝎星座和猎户星座，前者出现于夏季晚上；后者要到隆冬时节才会在天上闪烁，二者永远不会同时出现于天庭。在希腊神话中，则有天蝎帮助神后赫拉螫死猎户奥赖翁，二者从而变成死敌的典故，其寓意是它们不共戴天，这正与《左传》中所述不谋而合。唐代大诗人杜甫也有诗曰："人生不相见，动如参与商。"

从《商丘县志》所知："阏伯，高辛氏之后，封商丘，为火正，主辰星之祀。"由此可见，阏伯到了商丘后是担任了"火官，掌祭火星，行火正。"在我国古代，"金正"、"木正"、"水正"、"火正"、"土正"等，都是能够参与国家大事决策的高级官吏。

所谓火正，其职责就是进行有关天文观测、授时、祭星等重大活动，这也就是"行火正"的意思。农业社会中，利用天文观测来测定季节，乃是有关国计民生的头等大事。当然，志上所说掌祭的"火星"，并不是九大行星中的火星，而是专指"大火"（心宿二），在西方称它为天蝎 α，这是一颗发出红光的著名恒星，在夏季的星空中特别引人注目。

除了观象授时之外，火正还要兼职星占和祭星等工作，尽管这无疑带有迷信色彩，但在当时却也是一件非常重要的"国事"。

阏伯庙究竟建于什么年代？目前虽然还没有确凿的资料可以绝对肯定，但从多方面分析，它应是春秋时期的建筑，这不仅有夯土中的文物作证；从历史上说，商丘乃是春秋时期宋的国都，在周灭了宋后，曾封微子于宋，而微子恰恰就是阏伯的后代。阏伯庙后来又经过了许多次重整及修葺。不过，现存的阏伯庙已不是当年的最原始建筑了。有书记载："太祖皇帝草昧日，客游睢阳，醉卧阏伯庙。"还有资料表明，唐代诗人高适也曾经到过那儿。但在公元 1232 年，原庙在金元战争中被毁。直到元大德年间（1297～1307 年）才又修复，但不知何故，仅是重建了阏伯庙，却忽略了庙后面的那个观星台。这次重修之后直到今天，一直保存得相当完整。阏伯庙与火星台的发现及研究表明，中华民族早在四千多年前的远古时期，就已有了很高的科学文化水平，在世界文明的发展史中，占有重要的地位。

珍贵的文献记录

我国古天文对于世界又一个伟大的贡献是，无与伦比的、极其丰富的、各式各样的古天象记录。由于天体都涉及到遥远的年代，我国的这些古代文献就如考古学家的化石一样，其价值怎么估计也不为过。

日食和月食，尤其是日全食，总是那么惊天动地，在我国有较完整而详尽的日月食记录。除了上述《诗经》中有众多记载外，有人曾作过统计，从春秋战国时期到清乾隆时代，我国有载的日食达918次。而且在《春秋》的记录中还有不易察觉的日偏食，这足以说明当时观测已经相当细致了，近年来，更有人作了进一步补充，使得日食的记录已超过了千次、月食也有九百多次。到了汉代，有关的记录更为完备，在《汉书》的记载中，我们可以看出它明显有了较大的进步，其内容更加完备，常常包括有：发生日食时太阳的方位；整个过程的起始及终止时间；食过程的总时间；初亏的位置；日食的食分……它们可以为人们来检验历法，又为我们提供了研究地球自转变化的线索，还可为历史学家考证某一历史事件所发生的年代。

细致的日食观测必然也会导致古人研究太阳的高层大气——日珥与日冕。如在《元史》中有："至元二十九年（1292年）正月甲午朔，日有食之，有物渐侵入日中，不能既，日体如金环然。左右有珥，上有抱气。"显然，这次记录已经充分说明，我国古代天文学家已经注意到了太阳上的日珥及环绕在其周围的日冕。

大量的资料积累必然会使人们的认识产生质的飞跃，所以我国很早便掌握了日月食的规律，早在《史记》中，司马迁就记下了对于交食（日月食）周期的认识，后来一些人由此发展了一系列的计算方法，做到了能准确地对它进行预报。

光焰无际的太阳上会有暗淡的黑子，这是人们始料不及的，那时欧洲人认为，太阳乃上帝所创，当然应完美无缺。甚至在伽利略已用望远镜证实了黑子的存在后，多数人仍旧不敢相信自己的眼睛，有一位传教士也从望远镜内见到了太阳上的这些黑点后，曾诚惶诚恐地去询问主教，可主教是这样打发他的："放心好了，孩子，这一定是你的那该死的玻璃片出了问题，不然就是你太累了，才使你的眼睛错误地感到太阳上有黑斑。"与此形成对照的是，我国早在公元前28年就有了黑子的记录："河平元年，三月乙未（实为巳未之误，为公历的 5 月 10 日），日出黄，有黑气，大如钱，居日中。"——这也是目前公认的有关黑子的最早的文字记录。类似的记录，从汉到明，史书上至少有 100 多次。到了三四世纪的晋代，我国已正式采用了"黑子"这个科学名词了。

19 世纪英国一位痴情于天文学的罗斯伯爵，他用自制的大望远镜（口径达 184 厘米，为当时的世界之最）在金牛座中发现了一个奇怪的天体——蟹状星云，后来人们又发现它发出的能量比太阳还强几万倍，而且至今仍在急剧膨胀着。它究竟是什么东西呢？尽管人们猜到了它是超新星爆发的遗迹，但一直"查无实据"，是靠了我国宋朝的大量史料才一锤定音，这是 1054 年一颗超新星留下的遗迹，它至今仍是天文学家的掌上明珠，甚至有人认为："对于蟹状星云的研究，占据了现代天文学的一半。"

彗星与流星的史料也是我们可以引以自豪的资本。在西方，由于受到亚里士多德错误观点的影响，他曾断言，彗星不是天体，天上也不会有石头掉下来，所以有关记录寥寥。相反，我国却有大量的可靠记录，《史记》上："鲁文公十四年（前 613 年），彗星入北斗"是公认为可靠的最早的彗星记录，而闻名遐迩的哈雷彗星，我国的记录尤为完备。许多外国天文学家都是用了我国的有关史料才取得成果的。"马王堆彗星图"则又可证明，我们的祖先对彗星的观察是何等的仔细，他们的肉眼竟然似乎已能见到彗头中的彗核！

总之，我国的众多古代资料已经为人类的科学发展做出了巨大的贡献，我们相信，在今后它们依然会是科学研究不可或缺的科学宝库。

第四节 其他文明的天文学

巨石阵中的奥秘

另外两个古文明美索不达米亚（旧时称巴比伦）和印度，同样是以天文学作为其文明的最重要的标志之一。前者对于太阳、月亮的运动周期很有研究，测定的精确度早已达到了秒的精度，黄道十二宫也是他们的发明；后者也有若干可圈可点之处。而在世界其他地方，与天文学有关的古迹近年来也时有发现。

在欧洲英格兰东南部，有一座历史名城索尔兹伯里，在它附近的一个名叫阿姆斯伯里的村子西部是一片荒野，但那儿却屹立着一个新石器时代的"千古之谜"——著名的"Stonehenge"，中译"巨石阵"。它们由几十块庞大的巨石柱耸立而成，每块石头的平均重量为 26 吨，整个石柱群围成的圆圈，外直径达 97.5 多米，内圈也有 30 多米，石柱的高低参差不齐，最高的有 10 米多；在其入口不远处还竖有一块高 5 米多、重约 35 吨的"标石"。构成其内圈的 30 块柱石，每两块顶上都架有一块横梁，横梁又彼此相联，联结处还雕有卯眼与榫头。整个建筑成为一个壮观无比的大栅栏。在它最里面，还有 5 个"门框"：最高的那个门框高 9 米多，重达 50 余吨，而其缺口处正对着那块标石。只要进入其中，就会有一种摄人心魄的震撼感。多少年来，无数考古学家对它们作了详尽的研究后，断定它们是古人分三期完工的，第一期结束于公元前 1900 年，最后的竣工时间约在公元前 1650 年。不过在 20 世纪 90 年代中期，又有人考证说，其主要部分——那条土垒的壕沟早在公元前 3000 年就已为人所用了，上面的石头建筑则出现于公元前 2500 到公元前 1600 年间，总的建设时间为 150 年左右。但这些巨石从何而来？建造它的目的是什么？古人如何能完成这一庞大的工程？……这些都成了人们久思不得其解、长期争论不休的疑团。

20世纪80年代末期，在它附近的一些农田中，时常会出现一些神秘的农作物倒伏的奇特现象——"麦田怪圈"。在那一望无际的麦田内，它们倒成一个奇怪的圆周，其直径在10～60米间，圆的边缘非常清晰、规则，圈内的农作物仿佛受到了某种神秘力量的重击，按顺时针的方向倒下，再不能挺直起来，有趣的是，它们倒而不死，还会继续生长。仅在1988和1989两年时间内，那些地方出现的这种怪圈多达50多次共400余个。于是，一些"飞碟"迷又把怪圈与巨石阵挂上了钩，如英国的UFO协会秘书长便直言不讳地声称：怪圈是"外星人"拜访了巨石阵后，顺便在那儿留下的某种我们目前还无法理解的特别的印记。

20世纪60年代中期，英国天文学家霍金斯利用电脑对巨石阵作了详尽的研究，终于揭开了它神秘的面纱。原来这是一个具有天文意义的古建筑。其实早在公元前50年左右，有位古希腊的历史学家在他的《古代世界史》中，就提到了它："在这个岛上，有一个雄伟壮观的'太阳神庙'……据说月神每隔19年就会光临一次。"霍金斯指出，它那些石块的排列都不是随意的，例如有一组14块巨石，其连线中有24条有明确的天文含义：它们分别表示了夏至、冬至等节气那天太阳和月亮升落的方位！他的结论表明，整个巨石阵本身就是一本"天文年历"，古人仰仗它来确定节气，以此来指导农事。

其实，类似的石头建筑很多，简直可以说是遍布世界，如在法国布列塔尼半岛上的卡纳克列石，竟有3000多块石头呈平行排列，它一直延伸到3千米远的地方。人们普遍认为，这个建于公元前4000年左右的古建筑，乃是当时人们用来观察月亮场所的遗址；爱尔兰东岸有一长约19米、内高6米许的"石棚"（建成于公元前4世纪前后）也可让冬至日初升的阳光直透它的长廊，一直照到其尽头；此外，印第安人的"魔轮"——用小石块在平地上砌成两层圆圈，外有 6 个石堆；埃及的阿蒙－累神庙……

至于所谓的麦田怪圈，在 1991 年已真相大白，原来这是人为的恶作剧而已——有人用绳子拉住木板走动压成。

由此可见，这一切的一切，都反复说明了一个道理：古代的文明是与天文学息息相关、密不可分的。

神秘的玛雅文明

玛雅文明或许是世界上又一个扑朔迷离的疑团。以至有人把他们说成是"外星人"在地球上留下的痕迹；也有人认为，他们是早已沉入海底的"大西国"人幸存下来的后裔；还有人猜测，他们的精华已钻进了与世隔绝的尤卡坦地道，或者说潜入了百慕大三角区的海底，所以那儿的海难不断……

科学终于拂去了尘埃，现在人们已经明白，他们乃是古印第安人的一支后裔，其历史大致可分为三个阶段，在最早的"前古典期"（公元前 2000 年至公元 300 年）他们已开始定居下来进入了农业社会，那些至今还竖在墨西哥南部伊腊普亚托地区的巨型石头人像（最高大的有 4．6 米高，60 多吨重），也许可作该文明的见证。经过大约 400 年左右，玛雅文明达到了鼎盛阶段，他们在现墨西哥城的东北约 45 千米处建成了"坦奥蒂瓦卡恩"古城，它的宏伟壮观甚至让古雅典、古罗马都相形见绌。

玛雅文明的确有其独特的魅力：他们很早就使用了零位数的概念；会进行 0 至 20 的数学运算包括进位；他们也建成了众多的风格与古埃及迥异的金字塔；留下了一些雄伟巨大的神殿及至今仍未能破译的文字。

可以肯定的是，玛雅人确实拥有自己的天文台，它也是一组建筑群。例如，从某个金字塔上的观测点向东边的庙宇望去，这方向正巧就是春分与秋分那两天日出的方向；而朝东北的庙宇看去，恰恰是夏至那天的日出方位；联结东南庙宇的连线，也就是冬至日出的位置……

可能是因为金星是全天最亮的星星，故而特别得到玛雅人的青睐。他们对于行星的运动本来就很关切，也有许多资料留了下来，其中关于金星最多，可见他们对于金星研究得较为深入。他们已经定出金星的"会合周期"（即连续两次与地球最近所隔的时间）为584天，与现代的准确值583.92天相差甚微。他们还把这584天细分为：晨见、伏（地球上见不到）、夕见、伏四个小段，它们分别长236、90、250、8天。他们还知道，金星的5个会合周期之和正巧就是8年时间。在他们残存的不多资料中，人们还发现了其他一连串的数字：177天、254天、502天、679天、856天、1033天……其具体的含意至今尚不太明确，有人认为是与交食周期有关；玛雅人也知道黄道，不过他们把它分成了13宫，然而宫名却与古巴比伦人十二宫差不多，均是动物名，现已证认出的有：响尾蛇、蝎子、海龟、蝙蝠等等。玛雅人也有自己的历法，而且同时有太阳历和阴阳历两种历，他们还把太阳历刻在了石碑上，遂成为目前为数不多的珍贵天文学文物。

但令人惊讶的是，这样的辉煌文明却很快就彻底消失了！现在人们只有到原始森林的深处，才可能找到为数不多的他们部落。例如，在墨西哥南部一个2千多米高的荒原上，残存着一个较大的群体，他们分散居住在各个村落，总人口约有5万左右，可惜他们今天只停滞在原始的阶段。而分散在中美洲其他地方那些更小的部落，甚至于还处于刀耕火种的极其落后的状态，与他们的古文明形成了强烈的对照，同时也成了一个科学之谜。

古希腊的璀璨文明

众所周知，欧洲的文明都产生于古希腊。至今人们仍把古代希腊文化称为"古典文化"。

希腊最早的学者当推泰勒斯，据传他曾在埃及获得了必要的几何学知识，又到美索不达米亚学习了天文学。相传他曾成功地预报了一次日食,而正是这次日食,使两个积怨多年的部族以为上苍要他们捐弃前嫌,于是,一场正激烈进行着的血战戛然而止,双方抛下了武器,和平飘然而临。

从他以后的 800 多年,希腊天文学的发展一直异常迅猛,众多杰出的天文学家如同天上的繁星,相映生辉;学派林立,百家争鸣,至少形成了四个极有影响的学派:(1)以泰勒斯为首的爱奥尼亚派,他们活跃在公元前 7～5 世纪;(2)毕达哥拉斯为中心的学派(约公元前 6～4 世纪);(3)雅典的柏拉图学派,时间在公元前 4～3 世纪;(4)包括了托勒密在内的亚历山大学派,这是持续时间最长(公元前 3～公元 2 世纪)也是成就最多的学派。

在柏拉图之前,希腊人已有了许多重大的发现:毕达哥拉斯已经清楚月光来自太阳;月相变化乃是因日、地、月三者的相对位置不同所造成的;月亮为球状,所以其他天体亦应是球状的。该学派的菲洛劳斯还提出过日心地动说的思想,另外二位甚至认为地球在不停地自转着……此外,还有人知道了日月食的成因、测定了黄道与赤道的交角,等等。但基本上还停留在思辨的阶段,从柏拉图创立同心球宇宙体系开始,到亚历山大学派发展出本轮均轮及偏心体系,他们已开始注意到科学的论证,天文学与哲学也开始分离开来。

亚历山大学派是古希腊天文学的鼎盛时期,打响第一炮的是伟大的理论家、观测家阿利斯塔克,从他仅存的《论日月的大小和距离》中,我们可以领略到他那惊人的洞察力。书中他提出了六条假设,内容包括了月球的光来自太阳、月球在绕地球转动,还推断出太阳的距离比月球远 18～20 倍,由此他主张应是地球绕比它大的太阳转,而不应是相反……

在他以后不久的埃垃托特尼则巧妙地利用夏至那天的太阳在中午时,阳光可以直射到塞恩(今阿斯旺)的井底,而在其北面的亚历山大城内，该时的阳光偏离了一个角度，他进而测出此角相当于圆周的 1/50，因为这就是那两地的纬度之差，由此他很快得出地球的周长为两城距离的 50 倍——25 万 "埃及希腊里"。这个古单位的确切长度目前尚无定论，估计在 0.155 ~ 0.183 千米间，这样，他实际测量出的地球半径为 6200 ~ 7300 千米。与现在的 6378 千米相差甚小。

另外一个佼佼者则是喜帕恰斯（旧译伊巴谷）。他一生对天文学贡献甚大：（1）通过同时观测两个地方的日食，测算出月亮离我们的距离为地球半径的 59 ~ 67.3 倍（实际为 67.26 倍）；（2）他当时测定的回归年长度为 365 又 1/4 再减去 1/300 日，其误差只有 6 分钟！（3）他还发现了太阳的运动并不均匀，并测出了从春分到夏至最长，为 94.5 日，秋分到冬至最短，为 88.125 日；（4）发现了一颗新星（公元前 134 年），由此他编著了一本包括了 1025 颗恒星的星表，这也是西方最早的星表，表示天体亮度的 "星等"（表示其亮度的单位）概念也是从这儿引出的；（5）在与前人的结果比较之后，他发现了岁差现象——黄赤二道的交点每年向西移动 36″。

处于古希腊天文学顶峰的无疑当推托勒密，在公元 127 ~ 151 年间，他在亚历山大城进行了大量的实测工作，取得了丰硕的成果。他的《天文学大成》乃是一本传世名著，也是当时天文学的百科全书，长期以来一直是天文学家的必读书籍，也是迄那时为止天文学所有成就的最好总结。他把地心学说发展成了一个完整的科学体系，书中不仅有他所主张的地球居中的宇宙图像，还讲述了太阳、月亮、行星的运动规律，推算日月食的方法，一千多颗恒星的亮度、位置的星表，并介绍了一些天文仪器的制作方法……当然，在他去世许多年之后，他的一些理论被人阉割、篡改，成为后来阻碍科学发展的极大障碍，但这决不是他的问题，不应让他来担负恶名。

日常生活中用到的天文学

在当今商品经济时代，有人可能会认为，天体高高在上，离我们那么遥远，真是看得见、摸不着，研究它有什么用呢？

目光短浅的功利主义者随时都有，科学不是柴米油盐，当然填不饱肚子，但人们却永远不能离开科学。过去如此，现在如此，将来更是如此。即使是专门研究星星和宇宙的天文学，在古时它曾与人们须臾不离，以至过去流传极广的启蒙读物《三字经》中也有："三才者，天地人；三光者，日月星。"到了科学飞速发展的今天，它同样还在我们的身边，几乎天天在同我们打交道。不信？请看——

第一节 一年为何是365天

不知今夕是何年

说起年、月、日来，似乎每个人都可滔滔不绝、讲得头头是道，但真正懂得个中奥妙的，其实并不很多。

从天文学上说，所谓"年"应是地球绕太阳运动的某种周期，回归年即是指春分点（这是黄道与赤道的一个交点）为标准的周期，大约为365.2422……日，粗略地可认为是365日5小时48分46秒。不过，这是天文学家通过长期细致的观测才得到的结果。再说，一日到底长多少？这是由地球的自转决定的，自转与公转乃是两种风马牛不相及的运动，因此，一年不会是整数日也是理所当然的事。可是，日常生活却要求一年必须是整数日，否则，每年的开头都要顺延将近 6 个小时，岂非要乱了套？

在古代，人们没有任何天文仪器，也不易明白其中深奥的理论。他们只能从天气的冷热、草木的枯荣、候鸟的往返等物候变化，去体察四季的不同，历史上也曾出现过"刻木记日"、"结绳记日"等原始记日法——甚至在 1978 年时，还有人发现，在埃塞俄比亚西南部的原始部落中，至今还在使用这样的方法：一个在脚上套着一条绳子的长者数着上面的结告诉来人，他种的玉米从下种到收获一共过了 72 天。但一年到底有多少天？很少古人能搞得清楚，如古埃及人最初的一年 12 个月只有 360 天，而从尼罗河泛滥的统计中，得知其周期应是 365 天左右。因此，那时候最后的 5 天时光，他们只能闭门不出，或者干脆呼呼大睡，以便把这段日子稀里糊涂地打发掉了事。

在古罗马，历法也被那些掌权的僧侣们弄得乱七八糟。从公元前 713 年起，他们搞了个"努马历"，这种历虽然也是有 12 个月，但因为他们固执地以为偶数是不吉利的数字，所以规定每个月中的天数都是奇数：1、3、5、8 四个月都有 31 日；而 2、4、6、7、9、10、11 这七个月，每月只有 29 日；最后的 12 月更短，仅仅只有 27 日，不难算出，这种"努马历"每年只有 354 日——比正常的一年少了 11 天多！

一位世界闻名的大作家伏尔泰曾这样揶揄他们："罗马人在战场上是常胜将军，他们经常打胜仗，可是他们自己却从来说不清，他们的胜仗是在哪一天打的。"直至公元前 59 年，新统治者儒略·恺撒才下决心要进行改革。事实上，也是到了非改不可的时候了，因为那时的努马历，已经大大落后于实际的天象，差了几乎 80 天时间！儒略·恺撒曾占领过埃及，亲眼见到过埃及的历法较为先进，故而决心废除这种不符时令的努马历。为此，他用重金请来了埃及天文学家索西尼斯，经过了 13 年的研究，一本较好的"儒略历"终于在公元前46年诞生了。它规定：（1）一年的长度为365日，而今后每隔3年要设置一个"闰年"，闰年长366日，这个多余的"闰日"放于12月之后；（2）新年从冬至后的十天开始，（在原先的努马历中是11月1日）；（3）原来多余的5天分散到全年中，使得奇数月都为31天，偶数月为30天——惟2月例外，它只有29天（闰年则是30天），以保证年长平均为365.25日，大体上与实际的回归年同步（见表2-1）。

表2-1 儒略历与努马历的对比

	月份	一	二	三	四	五	六	七	八	九	十	十一	十二
儒略历	天数	31	29/31	31	30	31	30	31	30	31	30	31	30
努马历	月份	十一	十二	一	二	三	四	五	六	七	八	九	十
	天数	29	29	31	29	31	29	31	29	29	31	29	29

真是"金无足赤"，儒略·恺撒毕竟是一个帝王，他在这次重大的改革中不免也会塞进私货：因为他是新历中的7月诞生的，所以他专门下令，把这个月的月名称为"儒略"（Julius）月——现在公历中7月叫"July"，就是这个来历。

"还我11天"的示威游行

儒略·恺撒与一切帝王一样，到晚年后日渐昏庸起来，以致不久即被他的政敌和仇人所刺杀，是时为公元前44年——改历的命令宣布后才两年，他刚58岁。恺撒一死，他的义子屋大维登上了权力的宝座。在这纷乱的岁月，屋大维忙于巩固权力，无暇顾及历法问题，那些僧侣们竟把"每隔3年"曲解为"每3年"，于是以后的36年中，本来只应有9个闰日，现在却变成加了12天。平白无故地多出了3天时间，到此时屋大维才出来纠正：以后的12年（公元前8年到公元4年）中一律不再设闰年，待扣除了这3天后再恢复"4年1闰"的原则。

　　有了恺撒的先例，屋大维自然也会如法炮制，于是，他出生的月份也升了格——八月变成了他的封号"奥古斯多"（即是"祖国之父"、"神圣"等意思），而且还从小月变成了大月，下面大小月的顺序也就搞乱了。而且这样还会多出一天，这一天只能在大家不喜欢的二月中扣除，于是，二月成了平时只有 28 天的特殊月份。

　　儒略历在当时是相当先进的，然而，如上所述，回归年与儒略历的年毕竟存在着差别。时间一长，它每年多出的 11 分 14 秒就不可小觑了。因为到 13 世纪时，积累下来的差额已经达到了 8 天之多！规定的 3 月 21 日春分，竟然已前移到了 3 月 13 日。1263 年，英国杰出科学家罗吉尔·培根便函请罗马教皇设法解决这个问题。

　　可历法涉及到民众的生产和生活，真可以说是"牵一发而动全身"，所以一拖就是几百年。直到 1582 年才出台了改历方案，2 月 24 日，格里果里十三世教皇发布训令：自当年 10 月 15 日开始，所有的天主教教徒必须使用新的"格里历"。它的要点可以归结为两条：（1）在当年（1582 年）中扣除多余的 10 天——把原是 10 月 4 日星期四之后的那一天作为 10 月 15 日星期五（按理应是 10 月 5 日星期五）；（2）今后，那些不能被 400 整除的世纪年，如 1700、1800、1900 年，将不再作闰年；只有像 1600、2000 等才有闰年的资格。

　　这格里历也就是现今世界上大多数地区使用的公历。显而易见，公历比儒略历准确得多，它的历年长为 365 . 2425 日，比回归年只长了 25 . 9 秒，可以放心大胆地用上三千多年。

　　可惜，格里历颁发时，许多国家如英国、德国、瑞典等都已经皈依了新教，他们我行我素，抱着儒略历不放。1600 年相安无事，因为两历都是把它作为闰年的。可后来的 1700 年就不同了，使用儒略历的国家仍作闰年，旧账未消反又添上了 1 天，差额达到了 11 天！直到 1752 年，英国科学家已忍无可忍，政府才同意改用公历。为了扣除这 11 天，当局突然宣布：1752 年 9 月 1 日后的那天改作为 9 月 13 日（本是 9 月 2 日）。

政令一出，一片哗然。伦敦市民气愤万分，他们为政府"骗去"他们 11 天的房租、工资纷纷拥上街头，妇女们则不愿平白无故虚长 11 天年龄而走出家门，一齐振臂高呼："还我 11 天！"……

第二年，瑞典也融入了世界潮流，开始使用公历。日本国则是到了 1783 年才同意运用公历；而欧洲一些东正教国家一直顽固不化，俄国是到了十月革命之后，才从 1918 年中扣除了 13 天——正是这个原因，"十月革命"实际上是公历的 11 月 7 日。

历法与农事

我们的生活少不了历法，农业更是绝对不能误了农时。我国农业的发展也同样得益于古代先进的历法，从秦朝到清末的两千多年期间，我国历代天文学家先后提出的历法多达一百余种，它们各具特色，都在一定程度上反映了当时人们对于太阳、地球及月亮这三个天体运动的认识。因而中国的历法研究在世界上堪称一绝，处于领先的地位。

所谓历法，说穿了就是如何调节年、月、日的关系，目前世界上多数地区通用的公历（格里历）虽然有不少长处，可缺陷也很多。例如，它眼中只有太阳（故称"太阳历"，简称"阳历"），把月亮完全弃之不顾。公历中的"月"与月球毫无关系，这不能不说是一件很令人扫兴的事；但反过来，人们也不能只考虑月亮，冷淡了太阳，就像那些伊斯兰地区使用的"太阴历"（简称"阴历"）——回历那样。它中间的"月"与月球的运动是基本吻合的：每个月都以"新月"（整夜不见月亮）开始，满月为月中，可是这种阴历与气候又脱节了。例如，他们斋月之后的"古尔邦节"（有些类似于我国的春节）有时在冬天；过若干年后又移到了秋天或夏天！真有些叫人难以把握。

我国历法的最大特点是二者可以兼而顾之，成为一种阴阳历。过去有人错误地以为，我国的农历（也称夏历）是属于阴历的"老皇历"，应予以废除。其实，这完全是一种误解。在古代，中国的历法一直处于世界的领先水平，如元朝天文学家郭守敬于1281年编制的"授时历"，乃是在他长年观测的基础上得到的，而且他当时用的天文仪器，在那时也是世界一流的，因而精确度相当高，其历年的长度为365．2425日，与现代的公历一般无二，但却比西方早了360年！郭守敬所测定的月的长度也非常准确，误差只有0．37秒，在望远镜还未问世的年代，他能取得这样的成果，怎不叫人肃然起敬。

我国农历中的月，与月亮的朔望盈亏可以完全合拍，这对于沿海地区的潮汐预报、渔业生产、海洋航行等都有很大的指导意义。为了保持与季节相符，早在秦朝的"颛顼历"中，就已发明了"十九年七闰"（每19年中加进7个闰月）的办法。农历中有关太阳的部分是二十四个"节气"，这也是我国独特的发明创造。据考证，它萌芽于殷商时期，到西汉时就已相当完备了。二千多年来，节气对我国的农业生产一直起着巨大的指导作用，例如，"惊蛰"告诉人们，从现在开始春雷响动，冬眠的动物将苏醒出土；"霜降"则意味着早晨会开始出现霜冻……这些节气可以与公历中的日期基本上对应起来：在上半年，它们都在每月的6日及21日；而下半年则均在8及23日，上下一般不过一二天而已。按农历的元月开始，它们的排列可见表2-2。为了帮助记忆，有人还特意从它们的名字中各取一字，编了四句朗朗上口的诗：

春雨惊春清谷天，夏满芒夏暑相连，
秋处露秋寒霜降，冬雪雪冬小大寒。

此外，在我国的农历中，还有"数九"、"梅季"、"干支"等内容。数九中又有冬、夏之分，民间中则有"冬练三九，夏练三伏"之谚；梅季也称"霉季"，因那段时间处于梅雨时期，雨水较多，空气中湿度较大，东西极易霉变，还要注意防汛。干支又是一种特别的记序法，常用来记年、月、日，如孙中山领导的反清斗争称为"辛亥革命"，1894 年的中日海战称"甲午战争"……

表 2-2　二十四节气的日期

名称	立春	雨水	惊蛰	春分	清明	谷雨
月、日	2.4~5	2.9~20	3.5~6	3.20~21	4.4~5	4.20~21
名称	立夏	小满	芒种	夏至	小暑	大暑
月、日	5.5~6	5.21~22	6.5~6	6.21~22	7.7~8	7.22~23
名称	立秋	处暑	白露	秋分	寒露	霜降
月、日	8.7~8	8.23~24	9.7~8	12.21~22	10.8~9	10.23~24
名称	立冬	小雪	大雪	冬至	小寒	大寒
月、日	11.7~8	11.23~24	12.7~8	12.21~22	1.5~6	1.20~21

不可否认，农历比较繁复，很难记忆，远不如公历简明方便，但是也决不应该把它一棍子打死。

第二节　时间——千古不解之谜

航海家的忧虑

古罗马哲学家、神学家圣奥古斯汀有句名言："时间是什么？如若没人问，我知道；但若需要我解释，我就不知道。"

的确，时间看不见，摸不着，却又处处在你身边。实际上，它既是一个深奥的哲学问题，又是一个严肃的科学问题。它与长度、质量构成了物理学中所有单位的三个基本元素，又同空间、运动紧紧联在一起，无法分割。怎样去计量、标识时间，本身就是天文学的一个重要内容。

实际上，时间问题包括了两个方面：首先是如何起算，亦即是以什么为起点？第二是它的单位有多长？为了解决这两个看似简单、实际不易的问题，千百年来，人们不知花了多少时间与精力，但也正是因为这样复杂，人们才会前仆后继地苦苦追索，由此极大地推动了天文学乃至整个科学的发展。

时间，对于航海家来说，更是性命攸关的大问题。1707 年，英国海军上将肖维尔的舰队在大西洋上航行时，就是因为时间测量上的误差酿成了大祸：舰队在大雾中向着锡利群岛撞去，装备优良的四艘舰艇，包括上将本人在内的 2 千余名将士，统统沉没于浩瀚的大海海底！正因为这样，古代的水手极少能有善终的。

如何在茫茫大海上随时知道自己的船只处于何处，这其实是一个时间问题。只要测出了当时的时间，便可换算出船只所在的经度（从下节可知，纬度是不难得到的）。因为，天文学家早就知道，任何两地的经度之差，必与它们各自的"当地时间"（地方时）之差——"时差"严格相等。

道理相当简单，所以早在公元前 2 世纪时，古希腊便有人提出，只要让这两个地方在同一个瞬间去观测同一个事件，问题就能迎刃而解。在 15 世纪时，航海家哥伦布依据喜帕恰斯的这一建议，利用发生于 1494 年 9 月 14 日的一次月全食，测出了西班牙的一个港口——希斯帕尼奥拉港的经度。

但问题在于，这种能在两地都可见到的"同一事件"实在太难得了！月食是一年难得几回，何况如果它恰恰发生在白天（如 1989 年 8 月 17 日的月全食便发生于我国的白天），岂非也是枉然。再说航海家也不可能去痴等到有月食的机会才起航啊。

欧洲资本主义的发展却绝对少不了远航，于是，许多国家不惜以重赏来求解：1567 年和 1598 年，西班牙菲利浦二世、三世国王，曾分别出过 1000 及 9000 金币的悬赏；荷兰国会的奖金也高达 3 万弗洛林（约值 9 千英镑）；1713 年英国宣布："决定颁发 2 万英镑奖金，以给那发明可以随时在海上测定经度的人……"此外，葡萄牙、威尼斯等许多沿海国家、地区都有过类似的举措。正因为有了这些刺激，研究者也就络绎不绝，相传意大利科学家伽利略也曾为此花了不少精力，还先后向西班牙、荷兰申报过请奖事宜。

其实问题还可进一步简化为：如何设法制造一台按照格林尼治时间走动的、走时准确的钟，把它带到船上，便能依照它与当地时钟的差别来确定出所在地的经度，因为两钟每差 1 个小时，它与格林尼治的经度就差 15°。（由此可得，时间差 1 分钟经度差 15′，以此类推），这样终于使问题得到了解决。

为何相差一天

地球是圆的，任何时候总有一半是白天，另外一半是黑夜。每个不同经度之处，它们的"时间"是不一样的。例如，我国北京早晨 8 点钟大家匆忙上班之际，莫斯科那儿天尚未亮，只是凌晨 5 时；伦敦则是在子夜时分；而在大洋彼岸的美国纽约，却还是"昨天"的 19 时！当然，这种时差问题，现代人早已司空见惯、习以为常了。

但在以前，人们并不明白其中的奥妙，1519 年 9 月 5 日，麦哲伦率领他的船队勇敢地进行了世界第一次环球航行。他们一直朝着西边乘风破浪前进，当 20 多个吃尽千辛万苦的幸存者胜利在望之际，于 1522 年 9 月 6 日在佛德角上岸，稍作休整时，却不意与当地居民发生了激烈的争吵。起因是因为相差了一天时间！佛德角的居民说，今天是 9 月 7 日，星期天；而船员认为应当是 9 月 6 日星期六。双方都有充足的理由，岸上人是每天这样过日子的，当然不会搞错；可航海者有逐日记录的航海日志为证，似乎也是毋庸置疑的。

问题还是出在"时间"上，因为既然各处的"地方时"都不相同，现实生活又不允许各地各自为政。否则，沪宁线上的火车按哪儿的时间发车呢？上海的地方时比南京快 11 分钟呀，这还算是较近的地区，倘若两地相距更远，如上海与乌鲁木齐，或者涉及到两、三个国家的国际列车，如若都要"以我为准"，岂非更要乱得一团糟！

科学家总是有办法的，1879 年加拿大铁路工程师弗莱明提出的"区时制"，得到了大家的认同。其精髓是把全世界如剖西瓜那样，按经度平均分为 24 个区域，每一区（就像一片西瓜皮那样，占经度 15°）称为一个"时区"，同时区内都统一使用它中心地区的地方时，并称之为"区时"，显然，相邻的两个时区则正巧相差 1 个钟头。

区时从哪儿作起算点呢？这又是一个敏感问题，在经历了持久激烈的争论，否定了埃及大金字塔、耶路撒冷等方案后，英、法两国各不相让，在又僵持了 5 年之后，英美派终于得到了各国的首肯。1884 年，一致决定，以格林尼治天文台所处的子午线为准，称该时区为零时区，向东依次为东 1、东 2、东 3……直到东 12 时区；向西也一样，有西 1、西 2……西 12 时区。北京处于东 8 区；巴黎为东 1 区；纽约在西 5 区……仔细的人会发现，东、西 12 时区在地球上实际上是同一区域，当世界时为 2000 年 1 月 1 日 12 点钟的时候，如从东算，东 12 时区那儿正是刚进入"新世纪"的 0 时；但往西看，西 12 区应还停留在 1999 年 12 月 31 日的 0 时，以目前流行的观点，这二者相差了"一个世纪"（实际当然只是一天 24 小时）。为此，在 1884 年又规定了一条"国际日期变更线"。它大致就是 180 度的经线（个别地方有些调整，以照顾那儿几个国家行政的统一）。需要指出的是，线东的地方比线西的区域整是差了一天。麦哲伦的幸存者正是从西向东越过该线的，自然就不知不觉地"丢掉"了一天。当然，"上帝"实际上并未亏待他们，因为他们的旅途中每天都在追赶着太阳，也就是说，他们平时过的一"天"不是 24 小时，而是平均多出了约 7 分 23 秒。在大海上，这 7 分多钟的时间谁也不会觉察，但既然提前作了消费，最后总得偿还，只是偿还时他们自己不知道罢了，以致引起了这场争执。

第三节　无处不在你身边

抬头望见北斗星

太阳每天每日东升西落，所以人人都知道可以用它来判别方向，但知晓天上的恒星同样可以为人指路，则恐怕不会太多了。

只要你经常注意观赏星空，便不难发现，所有的恒星同样在周而复始地从东边升起，向西方落下，只有一颗星例外，它在北边的星空中始终岿然不动。这就是闻名遐迩的北极星，所有的恒星实际上都是在绕着它运转不息。

在近代，北极星是我国的"勾陈一"星，西方则叫它为小熊α，乃是小熊星座的主星。表面上看来，它毫无什么出众之处，发出的光并不强，至多算一个"二流"的角色（亮度为 2 等），但实际上，它比我们的太阳还亮 5900 倍！倘若太阳也那么厉害的话，那地球就要大祸临头了：所有的大海都将沸腾不息，一切生命都将在劫难逃。

北极星始终处于正北方向，只要认出了它的倩影，何愁还不知道东西南北？而要在茫茫星空中找到它，也不是一件难事。因为天上的"指极星"有很多很多，最通常用的就是"北斗"了。北斗七星在我国古代备受崇敬，因为在传说中，它是执掌每个人寿命的"北斗星君"，如在《三国演义》第六十九回中就有一个"赵颜借寿"的故事；在西方，它属于大熊星座——被视作为那条大熊的长尾巴，而此大熊乃是主神宙斯的情人所变；英国古代则想像为一张耕地用的犁。北斗中的七颗亮星组成了一个"大勺子"，只要沿着这个勺子的一条边，即把从天枢（北斗一或大熊α）到天璇（北斗二或大熊β）的联线延伸5倍左右，就是北极星的所在地（图2-1）。

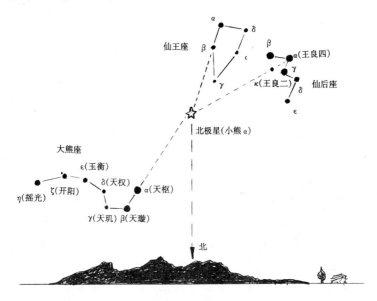

图2-1　利用大熊（北斗）、仙后、仙王等都可找到北极星

　　当然在秋天时，大熊星座已经没入到地平之下，再也找不到北斗七星了。这时，我们可以依靠大致成"W"或"M"形状的仙后座来寻找北极星：把仙后α（中名王良四）与仙后k（王良二）的联线延长出去到约4倍处，也就找到了它。另外，我们还可以仰仗高高在头顶上的"秋季大方框"：只要顺着飞马γ（壁宿一）到仙女α（壁宿二）看过去，也可以见到这北极星……总之，只要你对星空比较了解，这种"指极星"多得很。

如若你来到了纬度较低的南方地区，北极星已经很低，接近地平线了，找起来有一定的困难。我们亦可以另想别法，在夏季就不妨看天蝎α（中名心宿二、大火），诚如前述，我国古代对其非常重视，还专门设置了观测它的官员（火正），《诗经》中的"七月流火"就是指它而言。天蝎在希腊神话中是一只大蝎子，因为帮助神后螫死了英雄猎户奥赖翁得以升天。天蝎α发出的光很红，是著名的红巨星，它的半径比太阳还大 600 倍，几乎是地球到太阳距离的 3 倍！在整个夏季的傍晚时光，它总是稳居正南方的星空中，发出那独特的红色光芒。所以它也能帮人指明方向。至于民谚中的"五月晚上六点响，牛郎恰在正东方；六月晚上近十点，牛郎三星照南窗；七月晚上八点钟，正南方向找牛郎。"更是几乎不必细加注释、人人都可明白的、用大名鼎鼎的牛郎星（天鹰α）来确定方向。当然其中的月是指农历中的月份，约比公历晚一个月左右。

在秋季，则有昴星团来担当指引方向的重任。昴星团在我国俗称"七姐妹星"，是极其美丽的一簇星星，目力敏锐者可见到其中有 6 颗（古时可见 7 颗）小星挤在一起。用它指方向的口诀为："七正八歪九偏西，十月七星落鸡啼。"——这是指黎明时节，昴星团所在的方位：农历七月在正南、八月偏西了 30°，九月则到了西方……

冬天也有星星来相帮，由此可见，只要对星空比较熟悉，我们就可获益匪浅。事实上，我国古代的航海家都是依赖于"牵星术"，走向世界各地的。在古籍《佛国记》有载："船航于海上，大海弥漫无际，不识东西，惟望日月星辰而进……"就是明证。

家住何方地

用时间差可以测定地理经度，但地面位置需要两个参数才能完全确定下来，所以人们必须还要能随时知道自己所在地的地理纬度。

　　其实，纬度问题远比经度问题简单得多，最方便的是看看北极星的地平高度就可以了，因为任何地方的地理纬度正巧就是北极星的地平高度。当年亚里士多德便以此来证明大地为球形：旅行者径直向北行走，他会见到北极星越来越高。

　　倘若在白天见不到北极星怎么办呢？显然大家一定会想到太阳。是的，太阳也是一颗"星"，当然也可请它出场。在世界科幻大师、法国儒略·凡尔纳的传世名著《神秘岛》中，他就以非凡的艺术语言，说明了这种方法的原理。

　　书一开始就扣人心弦：在美国南北战争的 1865 年，北军几个军官被南方部队俘虏后关到了新奥尔良的一个小镇上，这个有重兵把守的军事重镇，平日里看管非常严密，一般很难从那儿逃脱。但这几个人却不肯向命运低头，他们同心协力，周密计划，终于利用了一次狂风大作的日子，在月黑风高之夜，爬进了南军平时用以联络用的一个大气球，缆绳被砍断之后，强有力的狂风使他们离开了险地。

　　气球上也是险象不断，好在他们有智有勇，在历经了 3 昼夜众多惊心动魄的危险之后，直至第四天——3 月 24 日的拂晓时辰，才幸运地降落于一个没有人烟的小岛上。这是一个孤岛，方圆不过几千米，四周是白茫茫的水天一色，岛上的树木、花草都很陌生。

　　他们知道，那些天刮的尽是东北风，所以他们也估计到可能已经来到了南半球上。但究属何处，连阅历甚广的《纽约先驱报》的记者也一无所知，幸得工程师史密斯博古通今，又有丰富的天文知识，他不慌不忙地在荒岛上竖起一根较为平直的树杆，加上他的手表，用了不多的时间，不仅定出了当地的南北方向，而且肯定地告诉同伴，他们现在位于西经 150°～155°、南纬 35°～40°之间。用这样唾手可得的简陋工具，竟然轻而易举地解决了大家的疑难，这不能不让人心悦诚服。

实际上，利用太阳来测量地理纬度相当简单，只要了解以下的公式：

地理纬度 = 90° – 太阳高度 + 太阳赤纬

太阳赤纬变化在 ± 23°27′ 之间。但一年中有两天（春分与秋分）为 0°，冬、夏至分别是最小和最大值。于是，在春分、秋分及其前后几天变得非常简单：

地理纬度 = 90° – 太阳高度

在冬至日及邻近几天则有：

地理纬度 = 66°33′ – 太阳高度

夏至日及附近那几天可用：

地理纬度 = 113°27′ – 太阳高度

作者是高明的，他安排他们出逃的时间是在 3 月 21 日的春分日，所以只需要用第一个最简易的公式就行了，如果是其他的日子，则要求知晓太阳的赤纬值，问题会稍稍复杂一些，但在具有相当天文学知识的人的面前，这也不是什么太难的事情。

林肯巧用月相救无辜

宋代大诗人苏轼有词曰："月有阴晴圆缺，人有悲欢离合，此事古难全。"谁没见过月亮的盈亏变化？谁不明白它变化有序？事实上，这也是我国农历中月长的依据，因朔望的周期约为 29.53 日，所以那些阴历中的月长有 29 日（小月）、30 日（大月）之分。

一些人们熟视无睹的事情，在有心人那儿往往会有意想不到的作用，美国的林肯就是这样的人。在执掌政权出任美国总统之前，他曾是一个好律师，而且由于他学识渊博，富有正义感，又懂得不少天文学的知识，往往能出奇制胜，战胜邪恶。

当时在林肯家乡，有一个名叫阿姆斯特朗的青年被人告上了法庭，罪名是吓人的"谋财害命"。一个自称目击者的"证人"一口咬定，说在 10 月 18 日那天夜晚 11 点钟的时候，他亲眼见到被告正在作案，杀人的现场位于一个草垛西面约二三十米的地方，旁边还有一棵大树。他当时正在草垛东边附近处，因有明亮的月光照在被告的脸上，所以他看得一清二楚……这个证人滔滔不绝，而阿姆斯特朗却有口难辩，反而是期期艾艾，十分被动。

在这关键的时刻，林肯作为被告的律师却胸有成竹，他一针见血宣布："此证人是十足的骗子！他的那些证词都是伪证。"林肯指出：10 月 18 日那天正好是上弦月，到夜晚 11 点钟时，月亮早已落到了西方的地平线之下，哪里还会有什么月光？即使退一万步，如果证人把时间记错了，案件发生在七八点钟，他的证词仍然漏洞百出。因为上弦月总出现在天空的西边，只有朝着西方的脸才会被月光照亮，但这样在被告之东的那位证人只能见到"凶手"的后背，根本看不见他的脸。

林肯所以能一言九鼎，力挽狂澜，完全是月亮的"功劳"。但若不是林肯具有丰富的天文学知识，平时能留心观测，善于把握时机，恐怕也难以揭穿这个人精心设计的骗局。

其实，月相还有其他许多用途，例如，它也可以帮助人们辨别方向。倘若你在傍晚时分见到了一弯细细的月牙（蛾眉月），那可以肯定，它所在的方向即为西南，而其突出的弓背部分一定指着西方；又若在凌晨见到了残月，那它的弓背所指的必是东方无疑。当然，实际的情况要复杂得多，其中还夹杂有不同季节的因素，具体可见表 2 - 3。

表 2-3　用月相可以确定方向

月相	傍晚时				清晨时			
月相	新月	上弦	凸月	满月	满月	凸月	下弦	残月
农历日期	初三至初五	初六至初九	初十至十二	十三至十五	十六至十七	十八至二十	二十至廿三	廿四至廿七
方向 春、秋分	西南	南	东南	东	西	西南	南	东南
夏至	西南偏西	南偏西	东南偏南	东偏南	西偏南	西南偏南	南偏东	东南偏东
冬至	西南偏南	南偏东	东南偏东	东偏北	西偏北	西南偏西	南偏西	东南偏西

日月食的喜剧

　　尽管月食比日食逊色不少，但古人们眼睁睁地见到他们心仪的明月，被一团可怕的黑影蚕食殆尽，当然也会感到惶惶不安。我国古代每逢这样的时刻，总会有许多人自发地聚在一起，或摇旗呐喊，或敲锣打鼓，或燃放鞭炮，试图以此来驱赶那些贪心的"天狗"。

　　日食更非同小可，相传在本世纪初，北京地区将发生一次日全食，昏庸的清政府当然要如法炮制，可当时八国联军的铁蹄正在祖国大地上肆虐，他们又深恐洋人借机寻衅，最后居然费尽心机，想了一个"万全之策"：事先给那些洋人的军营发了一个文件，这段千古奇文真是世间少有："……照得赤日经天，普照万物，乃天道之常，兹查有一巨物，其形如蛤，大张其口，将日吞食，实属异常惨变，至时将鸣金放炮，以使此怪物惊惧而逃，不重为民害，诚恐其部下军士等，耳目未经习惯，难免误会，为此合行照会，请烦查收……"这是多么可悲可笑的记录！

　　其实早在二千年前，汉代思想家王充便指出："日食者，月掩之也。""食有常数，不在政治。"古代一些有识之士还可为我所用。1504年，航海家哥伦布又一次率众出海远航，并到达了10多年前他发现的"新大陆"之一——牙买加，那些趾高气扬的水手们登岸后不久，便为一些小事与当地居民发生了矛盾，水手们那傲慢的架势又使矛盾进一步变成了冲突。被激怒了的加勒比人毕竟人多势众，他们把哥伦布一行困在一隅，准备让这些目中无人的白人断粮绝草，活活饿死。

哥伦布他们真是进退维谷，正在大家一筹莫展之时，通晓天文学的哥伦布忽然心中一动，想起了那天夜晚将会发生一次月全食。于是他计上心来，他登高一呼，向那些围困者宣布：如果他们胆敢再不送食物过来，他决定，从今晚开始，将不再给他们月亮！让他们的黑夜永远漆黑一团。

迷信的加勒比人听到这样的消息，吓得面面相觑，不知如何是好。他们惶惶不安地捱到了天黑，就忧心忡忡地望着星空，望着一轮明月从东方升起。可没过多久，果然明月逐渐被一团黑影慢慢吞没。于是魂飞魄散的加勒比人纷纷抛下武器，拜倒在哥伦布的面前……事后哥伦布在给朋友的一封信中说："他们放下武器后来吻我们的手和脚，恭敬地接待了我们，把我们安置在最好的房子内，以各种方式表示他们对于'上帝派来的人'的崇敬，甚至还有50多个人要我们把他们带到天国去。"

十几年后的一次月食则又让麦哲伦度过了难关。远航中极度的疲乏和孤寂，使其部下滋长了怀疑与不满的情绪，他们中笃信上帝的人也不相信地球是圆的思想，不相信一直向前可以回到家乡。正是这次月全食，麦哲伦指着慢慢变小的月亮说，既然遮挡月面的影子是圆的，说明地球确确实实是一个球，于是，大家消除了疑虑……

通讯中断之后

无线电的发明，使得人类的通讯业蓬勃发展起来。加上电视的普及，许多人甚至认为："地球变小了。"现代通讯早已成了人们生活中不可或缺的一部分。

大家知道，无线电，尤其是短波无线电的传播，依赖于地球上空的一层电离层。此电离层若被破坏，所有的短波通讯也就会瘫痪。相传 1961 年美国策动雇用军入侵古巴，1968 年前苏联的坦克部队践踏捷克斯洛伐克，都是利用了这种有利时机……

很少人会想到，破坏电离层的罪魁祸首竟是我们经常称颂的太阳！太阳是地球生命之源，它每时每刻都在无私地献出它的光和热。可是，太阳有时也会耍性子、发脾气，而且一旦变脸时还相当可怕，甚至会让人们遭到很大的损失。

太阳表面是一个沸腾的火海，表面温度将近 6 千摄氏度，但它上面又不是绝对均匀的，不时会出现大大小小的黑子，黑子乃是"太阳活动"的重要标志之一，太阳活动与人类关系甚为密切。远的不说，仅是 1989 年 3 月间的两个星期中，太阳频繁施威，先后"发怒"195 次，使全球通信系统事故不断，许多国家的邮政部门忙得不可开交，疲于奔命，广大民众也深受其害。尤其是 3 月 10 日那天，太阳上发生了一次巨大的爆发，3 天之后，它所发出的大量高能带电粒子到达后，地球的高层大气立即被搞得天翻地覆，产生了激烈的震荡，所有的短波通讯顿时失灵。更为严重的是，它们与地磁的交互作用造成了强烈的"磁暴"，美国新泽西州一家核电厂的变压器严重受损，差点酿成可怕的事故；加拿大更惨：魁北克地区的高压电网跳闸后，全省陷入一片黑暗不说，许多工矿停产、医院手术无法继续，病人被弄得死去活来……这突然袭击，使得大面积的停电长达 9 个多小时，光是电力损失就有 2 万亿兆瓦，直接经济损失一时很难估算。

太阳活动不光让地面上的人类大受其害，也会使许多人造卫星遭殃，有的卫星因姿态失控，无法正常工作，数据发不回来；有的卫星则会"失足"，从轨道上向下掉，严重的还会落入大气层焚毁；刚刚发射的卫星则常被弄昏了头而无法进入预定的轨道；气象卫星送回来的云图变成白茫茫的一片；军事部门长期监控的太空目标也会失去踪影……在航天活动日益频繁的今天，这已成为一个重要的制约因素。所以，不少科学家已经把"宇宙天气预报"提到了 21 世纪的议事日程。

研究表明，太阳活动强弱变化的周期平均为 11 年。有些年份（如 1996 年，称极小年）太阳相当平静，黑子又小又少，甚至多日不见其踪影。但在极大年（如 1989 年），太阳就很不安宁。

太阳活动对于地球的气候也有不小的影响。长期的统计资料表明，我国的旱涝、冷热及灾情，明显也呈现出 11 年的周期变化：大灾年往往出现在黑子最多的那些年份附近。一年的降水量多少，与太阳上黑子也有密切的关联，太阳上黑子较少、活动最小的年份，常会出现大范围的多雨地区；从统计中可明显看出，这些都与太阳 11 年的变化周期正好合拍，种种迹象表明，太阳的活动对全球性的气候变化起着复杂的作用。

从对古树的研究中，人们也见到了太阳活动的影响：古树的年轮疏密不一，明显有 11 年的周期性存在：分析表明，树木在太阳活动极大的年份长得快，年轮间的间距大；活动极小的年份长得慢，年轮相应较紧密。最近又有人声称，太阳活动还与地震、人类的健康状况都有一定的关系，一门新兴的边缘学科??"日地关系学"也正在逐渐发展起来。相信随着对它研究的逐渐深入，将会为人类造福不尽。

"GPS"的故事

形形色色的人造卫星时刻飞过人们的头顶，在 20 世纪末的今天，再也没有人会大惊小怪了。据统计，截止到 1998 年 6 月为止，世界各国已经成功的 3940 次发射中，送上太空的各类人造卫星、宇宙飞船、行星探测器共有 5057 个，除却那些已经完成了历史使命、坠入大气焚毁的以及早已飞出了太阳系的以外，目前至少还有 1000 多颗卫星仍然运行在太空中，继续在为人类提供各种服务。

卫星高高在上，它看得广，看得深，看得远，除了那些鲜为人知的军事卫星外，按其用途可分为：气象卫星、通讯卫星、测地卫星、导航卫星、资源卫星、生物卫星……由于气象卫星摆脱了地球大气的羁绊，可以居高临下地监视整个地球的状况，随时随地把天气变化的动向、灾难性气候通报世界各地，真是功德无量。1969 年，由于它及早发现了可怕的大飓风"艾米尔"正在袭来，美国政府组织了空前的大转移：把密西西比州和路易斯安那州的 75000 人撤出了危险区。风过几天之后，人们发现，那儿被该飓风摧毁的房屋多达 6000 多所，另有 5 万多幢建筑受到严重损害，当时狂风掀起的巨浪冲毁了河堤，如果不是及早作了安置，估计伤亡人员会高达 5 万以上，财产损失将逾几百亿美元！我国的气象卫星同样身手不凡：1986 年它提前 3 天，发出了有关第 7 号台风的预报，让广东省汕头一带早作准备：将 20 万公顷早稻提前收割进仓；3000 多艘船只及时返航，进入避风港；另有 35 个中小型水库采取了安全措施，从而减少了 310 亿元的经济损失。难怪美国人会得意地宣称，他们花几千万美元制造的一颗气象卫星上天后，至少可以获取 10 ~ 20 亿美元的回报。

最早崭露头角的是广播通讯卫星。还在 1963 年，美国第 35 位总统约翰肯尼迪在 11 月 22 日中午被刺，那喋血街头的现场状况被太空中的"中继站 1 号"卫星及时地播放到世界各地，连远在东半球的日本人也见到了这血淋淋的场面。卫星从此身价倍增，事实上，今天还有多少人没有看过由卫星转播的电视节目？卫星早已"飞入寻常百姓家"了。

卫星还可以作为课堂，作为手术室，成为传授科学文化最好的工具。还在 60 年代初，美国的一个对心脏病研究有深厚造诣的医学权威，通过"晨鸟"卫星，向许多国家的同行展示了心脏瓣膜替换手术，他一边操作示范，一边详加讲解，让许多国家的医生清晰地见到了这种高难度手术的全过程，并能较好地掌握技术要领。

资源卫星则让人见到了解决资源枯竭问题的曙光。它们探寻地下宝藏的能耐实在惊人，而且它们可以到达人们无法抵达的深山老林、沙漠腹地、海洋底层……所以，撒哈拉大沙漠中的地下水源、阿拉斯加的地下大油田、南中国海大陆架丰富的天然气、赞比亚蕴藏的铜矿……都被它们查得一清二楚。甚至连哪儿农作物减产、哪儿的海洋水温升了摄氏 0.1 度，哪儿的原始森林出现虫害，哪儿有火苗的隐患，都很难逃过它们的神眼。

然而，最惊人的还是被人们誉作为"继阿波罗登月和航天飞机上天之后的又一伟大成就"的"卫星全球定位系统"（GPS）。它包括有 25 颗 GPS 卫星，其中 24 颗均匀地分布在 6 条"准同步"轨道上，这些轨道与赤道的交角为 55°，离地面约 2 万千米，绕地球转一圈的时间为 11 小时 58 分——正巧是地球自转周期的 1/2。另外还有一颗备用卫星随时待命，这样，地球上任何一个角落，在任何时间内，都至少能同时接收到 4 颗 GPS 卫星所发出的信号。现代高科技只要有 3 颗卫星，便足以定出自己所在的准确位置，误差小于 ± 10 米！作为成功的范例是：1995 年 6 月，"维和部队"的美国飞行员奥格雷在萨拉热窝上空被塞族的炮火击落，其下落一时不明，但就在大家为他担忧之时，奥格雷于第六天却回到了营地，创造了这一奇迹的就是这了不起的 GPS 系统——它为他时刻提供所在地的准确方位，并能与大本营保持联系。

天文学与其他科学的相互推动作用

　　古老的天文学至今仍然生机勃勃，依然是人们常说的六大基础科学（数学、物理学、化学、天文学、地理地质学、生物学）之一，它的重要性也是显而易见的。当年瑞典炸药大王诺贝尔早在去世前便立下遗嘱，把自己的巨额财产化作温暖，将爱遗留永世。1896 年 12 月 10 日，终身未婚的诺贝尔与世长逝，留下的遗产价值 330 万克朗。于是，这笔巨额基金便用来奖励那些为人类进步做出了巨大贡献的人才，不过诺贝尔当时规定，此奖只设五种：和平、文学、医药、物理及化学——偏偏遗忘了数学和天文学。

　　在 1901 年第一次颁奖后，它便成为科学界的最高荣誉。天文学虽然一时被挡在门外，可是天文学顽强的生命力却使人不得不刮目相待，它的煌煌成就竟使诺贝尔奖频繁向它招手，从 1964 年美国的汤斯因开拓星际分子研究首开获奖记录后，至少已有七次 11 位天文学家登上了这个令世人倾羡的顶峰。

第一节　天文学与数学

日出和日落

　　天安门广场上每天升国旗的仪式，既是一道壮观美丽的风景线，也是一堂生动的爱国主义教育课：在那晨曦初露的拂晓时刻，凡是见到一队威武雄壮的护旗战士，扛着钢枪、迈着铿锵有力的步伐前进时，人们的爱国热情自然会从心中荡起。当一轮旭日从东方地平线喷薄而出的时刻，五星红旗总是同时伴随着雄壮的国歌冉冉升起……

为什么每天的升旗仪式都能与日出保持同步，做到分秒不爽？我们不能忘记天文学家的功劳。是他们，早早把北京地区每天日出与日落的时间准确无误地推算了出来。

天体每天东升西落，是有严格的规律的，尤其是对于那些遥远的恒星，它们总是每晚在同一个地方来向人们报到，但时间却会提前3分56秒（当然也会提前同样多的时间西落），如粗略地当做4分钟，一个月下来，正好差2个小时——这也就是人们每月所见的星空各不相同的原因所在。

原则上说来，太阳也是一颗恒星，我们的确也是常把"恒星是遥远的太阳，太阳是普通的恒星"当做口头禅。但两者毕竟是有区别的，原因就在人类是生活在太阳周围的地球上，而地球又在侧着身子绕太阳转动，所以，任何地方每天太阳的东升西落，不但是每天方位不一，时间也逐日都有变化，而且这种变化非常复杂，常人也很难看出其中的规律性。

计算日出日落，需要用到数学中的"球面三角学"。实际上，在宇宙空间中，所有的天体包括恒星在内，都是立体状分布的，天上看起来很接近的两个天体，可能其中间隔了不知多少个"十万八千里"呢！我们肉眼看到的，实际是它们在"天球"上的投影而已。

因为在天穹上，我们很难直截了当地测量两个天体的直线距离。不难明白，球面上两点间的距离需要用弧线来计量。200多年前，俄国的彼得大帝就因为不明白这个道理而出了差错：他在完成了挫败西欧列强、统一俄罗斯的大业后，为了巩固政权，加强对地方的控制，他决心要修筑一条通衢大道，把彼得堡与莫斯科联接起来。可这遭到了众多重臣的暗中阻挠，因为大路要穿越他们的属地，他们千方百计要使路线改向，所以命令归命令，工程却一直不能顺利进行下去。彼得大帝毕竟是风云人物，他当即把这些阳奉阴违者召来严加训斥，重申他的决心，并当场拿出一张地图，在这两城之间用直尺划了一条直线，要他们必须严格地按图施工……

彼得大帝以为，这样的路线一定是最短的捷径，可是到后来工程竣工后，人们发现，那地图上笔直的直线到了真实的大地上却是弯的！

正是天文学研究的需要，球面三角学迅猛发展起来，最后形成了一门专门的"球面天文学"。反过来，球面三角、球面天文学的许多成果也极大地推动了天文学的发展。

行星轨道计算

天穹上万星闪烁，所有的恒星都是一起在东升西落，它们的相对位置始终不会有丝毫的变化。但远在上古时代，无论中、外，都很早就察觉其间还有那么几个"特殊人物"，它们除了也在东升西落外，还在星幕的背景上自西向东（这与地球公转的方向一致，故称"顺行"）缓缓而行，而顺行的速度每天都不相同，因此每天移过的距离都不一样。更奇怪的是，在向东顺行走过一段时日后，总会要"休息"一阵——出现"留"，在留的短时期内，它们的行径与恒星无异，但在此后却会掉过头来反向而动（称为"逆行"），逆行一些时日后又经历一次"留"再回到顺行状态（图3-1），如此周而复始，循环不已……正是因为它们在星空中这样运动不息，故而在中国古代称它们为"行星"；在西方则叫做"Planet"——译为中文相当于"流浪者"。

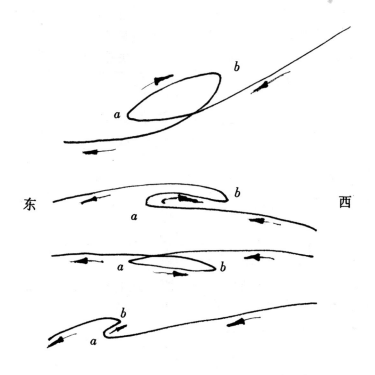

东　　　　　　　　　　　　　　　　　　西

图3-1　行星在星空中的行径总是那么复杂，令人困惑不解

　　为什么行星的行为如此怪诞、让人难以捉摸？怎样来解说行星的运动？能否对它们的去向做出预报？……正是这一系列的难题，促进了人们对于天象的研究，从而使天文学早早蓬勃地发展起来。

　　行星的运动问题，直到牛顿总结得到了万有引力定律之后，才获得圆满的解决。因为地球与其他行星一样，都在绕太阳运转，它们有各自严格的轨道，不得越雷池半步。这些轨道都是扁度不一的椭圆，太阳则稳居在椭圆的一个焦点上。为了决定这些椭圆的空间位置，必须要同时测出六个量——轨道参数：轨道半长径（a）、椭圆的偏心率（e）、轨道面与黄道面的交角（i）……六个量中，哪一个都不易求得，都必须要做大量细致的实际观测，并进行十分繁复的运算。因而，古代科学家几乎都把此视为畏途。

相传18世纪大数学家、瑞士的欧拉当年就是因为埋头行星轨道的计算，使视力受到了伤害，到晚年时双目几乎失明。他在1783年9月18日临终之前，还念念不忘他所计算的天王星的轨道（它刚于1781年为英国天文学家赫歇耳所发现），一定要让人把他所算的结果朗读一遍，证明与观测到的情况完全相符，才安详地闭上了他的双眼。

为了简化行星的轨道计算，各国数学家绞尽脑汁，但问题的进展并不太大，19世纪中叶，英国的亚当斯对未知行星（即后来的海王星）所作的轨道计算之所以会被人束之高阁，就是因为那些权威们根本不相信一个乳臭未干的大学生，会有解决如此复杂难题的能耐。最后的结果是，亚当斯固然是坐失了良机，那些"大人物"也因此终生抱憾不已。

1801年元旦夜，意大利巴勒莫皇家天文台台长皮亚齐在金牛星座中发现了一个陌生的小星点——即第1号小行星"谷神星"。可当时皮亚齐并不知道这是新型天体，因它比最暗的恒星（6等星）还暗五六倍。为了弄清真相，第二天他把望远镜又对向了昨晚的方位，他发现，它已向西移过了大约4′左右——这表明，这个不速之客不可能是恒星，应是太阳系中的天体。为了算出它的轨道，皮亚齐决心跟踪观测，果然，它不断向西而去，到第12天居然出现了留！行星的特征表露无遗，然而真是好事多磨，西西里岛的天气不肯帮忙，到2月11日，天空乌云密布，他本人也病倒在床上。等到病愈再去观测时，这颗不明身份的星星却如泥牛入海，不见影踪了！

皮亚齐手头一共只有区区41天的观测资料，按当时的水平，只有这一些数据是无法算什么轨道的，而要想在茫茫星空中去找一个轨道未知的天体，真比大海捞针还难。幸亏此时数学界升起了一颗熠熠生辉的大明星，那就是被后人誉为"数学王子"的德国青年数学家高斯。为了计算轨道，他创造发明了一种崭新的方法，用他这种新方法，最少可以只用3个晚上的资料，便能解决问题。于是皮亚齐的难题到他那儿也就迎刃而解了，小行星也就应运而生。据说，高斯计算这颗星的轨道时，大约只花了一个小时。后来有人问及此事时，他不无幽默地说道："一切都不用奇怪，倘若我不用新的方法，我的眼睛也会像欧拉那样累瞎的。"

人类发现小行星这段曲折的故事，生动地说明了这样一个道理：天文学家离不开数学家缜密的计算，但如若没有天文学家辛勤观测得到的资料，数学家也是英雄无用武之地。在科学发展史上，类似的例子真是不胜枚举。

沙罗周期

今天，几乎不会再有人为日月食而担惊受怕了，天文学家已经早早把多少年后的这种奇异天象告示于世，事实也多次证明，天文学家关于日月食的预报极端准确，真是分秒不爽，简直可以用它来校对钟表。

从理论上说来，月亮在绕地球旋转，地球在绕太阳运动，而这二椭圆轨道都有其严格的周期，只要了解和掌握了这些节奏，也就可以得到关于日月食的规律了。然而，实际问题却要复杂得多，因为月亮的轨道时有变化，而且影响它的因素非常多，要想求得其精确解真是谈何容易，甚至像牛顿那样的大科学家也曾为此伤透了脑筋。因此，那些古代天文学家能够进行测算，的确不由得让人钦佩不已。

古巴比伦人可能是最早洞察这种规律的民族，他们很早就发现了"沙罗周期"。所谓"沙罗"，拉丁文中的原意是"重复"的意思，沙罗周期长约 6585.32 日，相当于 18 年又 10.3 或 11.3 日（视这 18 年中有 5 个还是 4 个闰年而定）。这就是说，它们在一个沙罗周期后，会重现当年的天象——不过，食的类型，是全食还是偏食，能够见食的地域在哪里，却总会有一些差别。例如，1990 年 2 月 16 日（春节），在我国昆明发生了一次日全食；可以肯定，在 6585 天之前的 1962 年 2 月 5 日，必定也发生过一次日食——印尼的一次日全食；而那以后的 6585 天，即是 1998 年 2 月 27 日也一定有某个地方——南美洲——有一次日（偏）食，余下可以类推。

古巴比伦人当然是从长期的实际观测中，依靠经验得到这个规律的。实际上，这是两个周期——朔望月与"交点月"的公倍数问题。前者长为 29.530588 日；后者是月球通过它的轨道与黄道交点的周期（这是发生日月食的必要条件），约为 27.212220 日。经过一些换算可知：242 个交点月正巧与 223 个朔望月的长度都是 6585 天。即：

$$27.212220 \times 242 = 6585.35724$$
$$29.530588 \times 223 = 6585.32157$$

二者仅相差不到 0.036 日或 50 分钟，显然这是非常了不起的成就。

我国古代同样也有值得骄傲的地方，也曾提出过多种类似的日月食规律。如汉代的《太初历》中，就有一个"三统历周期"，它长 135 个朔望月即 3986.62965 日，这与 146.5 个交点月（3986.59023 日）大致相等。在唐朝时，有位天文学家、数学家李淳风，他对日月食的预报已经十分娴熟，相传他在事先算出，贞观八年五月辛未朔（公元 634 年 6 月 1 日）将有一次日全食后，按规定及时上奏了朝廷，可当时唐太宗对于这位年仅 32 岁的"太史令"还不够信任，所以问道："日或不蚀（食），卿将何以自处？"李淳风胸有成竹，从容回答："如不蚀（食），臣请死之。"若不是有非常的把握，谁敢以自己的性命来作担保？当然最后的结果是一场喜剧，有惊无险，但李淳风从此声名大振，也获得了唐太宗的充分信任。

第二节　天文学与地理学

天圆地方？

人类常常自诩为万物之灵，但就其体能而言，却是十分有限的，如人的双眼看得并不遥远，稍许远一些的物体，它就鞭长莫及了。当人们抬头观天的时候，没有人能分清物体的远近，总是感到所有的天体，包括太阳、月亮和星星，都是一样的遥远，都是处于一个硕大无朋的球面（称天球）上。无论你是登上山顶极目远眺，还是在茫茫大海中环顾四周，在心旷神怡之余，总会有一种"天如穹庐，笼盖四野"的感觉。无论中外，古人总会把大地看作为一片平直延伸的板块。古埃及人曾认为，天地就像一只硕大无朋的长方形的盒子，天为盒盖，地是盒底；也有人主张大地是一个圆柱子的顶部、或是一个扁平的圆盘……

中国古代早在周朝时，就已经提出了"天圆如张盖，地方如棋局"的"盖天说"：平平整整的大地是每边长81万里的正方形，就如围棋的棋盘那样，上面共有九个州——中国位于正中央（所以叫中国）；蓝蓝的天则似倒放的大锅扣在地上，并在不住的自东向西转动。后来孔子总结为："天道曰圆，地道曰方"。北京的天坛公园和地坛公园、古代外圆内方的钱币，都可看做是这种朴素的观念的反映。

不过，这种朴素观念的破绽也是很明显的，所以很快就遭到了人们的怀疑，如孔子的一位高徒曾参就疑惑不止：圆圆的天与方方的地怎么能衔接得起来呢？据说他还特意去问过老师，结果是被老夫子埋怨了一顿。

有关大地的形状另一种观点是球状的。如前所述，西方最早明确主张球形大地的是毕达哥拉斯，他从美学及宇宙和谐的观念出发，认为大地为圆形，所有的天体是球状，它们的轨道是圆，转动的速度永远均匀不变……后来亚里士多德则作了巧妙的证明。我国类似的观点也很早——几乎与盖天说同时，"浑天说"也问世了，该理论最初认为："天体如弹丸，其势斜倚"，到汉代张衡时，他总结为"浑天如鸡子，天体圆如弹丸，地如鸡中黄，孤居于内，天大而地小，天表里有水，天之包地，犹壳之裹黄。"有关大地是球形的观点十分形象、十分明确。

在历史发展的长河中，球状大地的正确观点也曾遭到了很多非难，不少人宁可相信自己的直觉，认为大地应是平坦的；而高高在上的教会更是激烈攻击，百般非难，因为球状的大地不会有"地狱"的容身之地，"天堂"的神话自然也就不攻自破了。

来自教会方面的嚣叫并不奇怪，也不可怕。好笑的是直到今天，竟然仍有一些顽固不化之徒。如美国有一个名叫沃利瓦利的怪人，为了证明他一直坚持的地平及地球静止不动的陈腐观念，自己特意办起了一个刊物。1930 年 5 月，经他精心策划的一期专刊，居然洋洋洒洒地出了笼，在那本贻笑大方的杂志上，登满了攻击当代科学观点的奇文，极力鼓吹早已被抛进垃圾堆的地心学说，真可谓是"满纸荒唐言"了。更不可思议的是，在 20 世纪 70 年代，美国俄亥俄州居然还成立了一个"天动说学会"，它还出版了一份名叫《圣书天文学家》的会刊，20 余年来，这个学会不遗余力，坚持宣扬是太阳和恒星在绕地球转动、地球并不运动之类观点，极力为此摇旗呐喊……

"天圆地方"在科学上没有立足之地，但在人们心目中的影响却不可低估。有时也能"化腐朽为神奇"。例如我国著名历史学家范文澜先生，就将其引申为一种处世立身的准则，他的诠注是："天圆"要求我们头脑灵活，善于分析，勤于思考；"地方"

则是指应当埋头苦干，耐得住清贫，能有"板凳要坐十年冷，文章不写一句空"的精神——这似乎又是题外话了。

首次与地球拥抱

地球既是一个球，接踵而来的问题自然是：它有多大？当年亚里士多德也作过估算，其所用的方法早已无人知晓，只知他留下的结果是：地球周长为40万"准距"。按1准距＝158米计，此值为63200千米，比现代值大了50%还多。后来，埃拉托斯特尼得到的地球周长虽然比他准确得多，但如此巨大的数字已超出了人们的思维范围。古代很少有人能跑出千里之外，所以在2500多年前的一张古希腊人画的"世界地图"上，有这样的景象：在"世界中心"希腊的大陆周围，都是波涛汹涌的海洋。在那大洋的岸边尽头，有一个人望着一块界碑发呆，因为那碑上写着："到此为止，勿再向前"。我国古代的"天涯海角"也只是现在海南省的三亚南端的海边……

因为对埃拉托斯特尼的结果疑窦重重，在他之后大约一百年，波西多留斯重复了这一工作。他的方案比埃拉托斯特尼要高明些，可是所得的结果反而不及前人：2853千米。有趣的是，人们宁肯相信波西多留斯，因从感情上讲，似乎这个偏小的数字更亲近些。不过，这样也好，因为这样才会有勇士敢去冒险，如果知道地球真如埃拉托斯特尼所测量的那么庞大，哥伦布、麦哲伦等人恐怕不一定敢出海去了！

再说，当时人们还不知道万有引力定律，他们无法想像，如果脚下的大地真是一个球，那在与我们相对的那一边的人岂非一直是倒立着？而且不是早就要统统掉下去了吗？甚至到了近代，法国还有一位天文学家仍然声称，要我相信地球像一只烧鸡那样，绕着铁叉转动不已，那是痴心妄想。

是葡萄牙航海家麦哲伦的壮举扫除了一切奇谈怪论。1519年9月5日，在西班牙国王的大力支持下，麦哲伦的庞大船队

——265 个勇士分乘 5 条大船,在无数民众的欢呼声中,从西班牙塞维利亚港码头徐徐开出,一路向西进发。他们横渡大西洋,到了南美洲后即南下,绕过麦哲伦海峡,经历了长达五天的大风暴的严峻考验,接踵而来的是太平洋上近百天的饥饿、干渴、寂寞、疾病……再加上部下的叛乱,真是困难重重。但他们却义无反顾,一直勇往直前,越过印度洋,绕过好望角,后来甚至麦哲伦本人已在一次与亚洲土著居民的恶战中丧了命(这是一次不光彩的战斗),他的继承者仍坚忍不拔,最后回到故土西班牙时,只剩下了 18 人、一条破船。

尽管麦哲伦本人没能生还,尽管这次环球航行代价不菲,尽管最初麦哲伦航海的动机完全是出于利欲。但从客观上说,这次环球航行取得成功,其科学意义是不言而喻的。既然他们的确回到了原先的出发地,谁还会再对地球是圆的说三道四?麦哲伦的继承者得到了很高的荣誉,个个都成了人们仰慕的英雄。除了丰厚的物质奖励外,他们每人还有一件特别的奖品——金光闪闪的一架地球仪,地球仪上镶刻着一行既有哲理又富诗意的文字:"你首先拥抱了我。"

现在,人们已经能飞向太空,"居高临下"来俯视地球了,圆圆的地球在太空中色彩斑斓,气象万千,飞船拍下的地球照片更是风情万种。地球是球,难道还会有什么疑问吗?

桔子与甜瓜之争

以肉眼看照片,地球绝对是一个完美的圆球,可是,从科学的观点讲,它又不是标标准准的球体。这当然并非是因为地球上有高山和深谷——与地球半径 6378 千米相比,巍峨的珠穆朗玛峰(高 8848.13 米)又算得了什么,就像一个大篮球上多了一小块 0.3 毫米的微疤而已。牛顿从他的力学研究中得出结论:由于地球的自转会在赤道附近产生一股不小的离心力,所以,地球的赤道处应当稍微拱起,或者说赤道半径应当更长一些,两极地区没有这个力，极半径就会略微小一些。牛顿当时还算出，极半径比赤道半径短大约 1/230，他还打了个比喻说，夸大一些讲，地球有些像一只桔子。

牛顿的论证是正确的。1672 年发生的一件事，实际上就是一个生动的例证：为了增进人们对于南部星空的了解，全面地研究整个天穹，那一年法国科学院派出了一支观测队，由天文学家里希尔领导，到赤道附近去作天文观测。当时除了必要的天文仪器外，他们还携带了一台走时非常准确的天文钟（摆钟），任务完成得很好，得到了许多新的资料。可是在他们凯旋而归、着手处理这些资料时，却发现总有一些无法消除的系统误差，在经过仔细分析研究之后，问题出在那台最好的天文钟身上——它到赤道之后，竟然一反常态，每天几乎要走慢大约 2 分钟左右。可更奇怪的是，一回到巴黎，它又恢复如常了。

用牛顿的理论很容易说明摆钟的变化：因钟摆的摆动周期与重力的平方根成反比，赤道区域的重力较小，钟摆自然就会变慢，走时当然也要变慢了。

可法国人对于英国人似乎从来不买帐。当时统领法国科学院的是雅克·卡西尼，他也是著名天文学家乔·卡西尼的次子。乔原是意大利人，在天文学上颇有建树，正因为他有众多发现，法王路易十四才把他请到法国。然而，乔只是一个出众的观测大师，在理论研究上却出奇的保守，也是世界上最后一位拒绝哥白尼学说的天文学家；他也不相信德国天文学家开普勒发现的行星运动定律，认为行星的轨道不是椭圆，而是他研究有素的"卡西尼卵形线"；对于牛顿发现的万有引力定律，他更是不屑一顾。在他的影响下，雅克继承了父钵，他组织了几支队伍在法国本土进行了一些测量后，便草草下了结论：认为地球的形状不是略扁的桔子，而更像是拉长了的甜瓜或柠檬——两极的半径更长。

为了证明是牛顿出了错，法国人又进行了全球性的天文大地测量工作，1835 年，他们派出了三支装备优良的测量队伍，除了留一队在国内的土地上辗转外，一支北上到北极圈附近的拉普兰（北纬 66°），还有一队则远征到秘鲁北部近赤道处（南纬 2°）。庞大的测量工作持续了十年之久，但十年辛苦所得到的，却是他们最不愿见到的结果：正确的是牛顿，地球确实更像桔子，两极的半径比赤道处短了大约十几千米。

一场百年之争以法国人的失败而告终，著名作家伏尔泰说："巴黎人以为地球像个甜瓜，可是到了伦敦，甜瓜的两端被英国人削平了。"

地球的扁率是一个重要的参数，它对人造卫星的运动有重大的影响，所以 200 多年来，科学家们孜孜不倦地反复进行测量。1967 年，国际大地测量学会综合了各国的资料和人造卫星探测的结果，规定：赤道半径 a = 6378.160 千米；扁率 ε = 1/298.3（相当于极半径为 6356.777 千米）。80 年代后，这些数据又有了改进：a = 6378.140 千米；极半径 b = 6356.755 千米；ε = 1/298.257。半径之差为 21.385 千米，倘若仍以篮球为例，相当于两头凹陷下 0.8 毫米，这样小的"疤痕"，哪一个能觉察得出来？

形形色色的行星地理

20 世纪最值得人们引以自豪的，当推人终于冲出了地球这个"摇篮"，现在，人类已经六次登上了月球，从"广寒宫"取回了几百千克的月岩和月壤，12 个美国宇航员在月球上迈步、挖土、开沟、掘井、拍照、摄像、测量、做实验、安置仪器……他们得到的 15000 多张月球近距照片和长达 12 千米的电影胶卷，使人们对于月面的了解已经非常详尽，以致有人感喟地说，现代人对于月面的了解已经超过了对地球上某些洋底的知识。

最早研究天体地形的是意大利天文学家伽利略，1609 年他制成了世界上第一架天文望远镜，并首先对准了月亮。他的望远镜威力并不大，但已足以粉碎那些天堂之类的神话：原来，美轮美奂的月亮却长着一张大麻脸！伽利略见到的月面上是满目疮夷，大大小小、圆圆的山峦重重迭迭，因它们的外形很像火山口，伽利略把它们称为"环形山"；至于那些看来黑黑的阴影部分（现在知道，那儿是较平坦的地方），他把这称为"海"；这些名称大多沿用到今天。伽利略也见到了月亮上的高山，而且利用它在阳光下产生的影子，测量出了一些山峰的高度，由于月面上黑白反差极大，致使他得到的结果都偏大。

最早观测水星表面的是一个天文爱好者，德国的施里特，他用买来的一架小望远镜对月亮和水星等都作了大量观测，并依稀见到了水星表面上有明暗不同的区域，所以他相信，水星上不乏崇山峻岭，认为可能存在着高达 20 千米的大山。但真正系统研究水星表面、并取得公认成绩的，是意大利天文学家斯基帕雷利，他孜孜不倦地坚持了 8 年的观测研究，并画出了世界上第一张水星表面图。尽管从现代观点看，这幅图相当粗糙，谬误之处也不在少数，但它清楚地表明，水星的表面与月球非常相像。

红红的火星在天空中素有"袖珍小地球"之称，在十多年一次的"大冲"（这时它与地球最近，有时只有 5500 万千米）期间，常会有很多人整夜眺望着它。上一世纪，一些钟情于它的天文学家甚至声称，发现了它上面有纵横交错的"运河网"，使人们一度认为，火星上一定栖息着聪明的"火星人"……

真正使行星地理登上科学殿堂的是那些宇宙飞船。1971 年美国"水手 9 号"上天后绕火星转了好几个月，它获得了 7329 张火星的近距照片，使人们得到了许多重大的发现：如火星上的奥林匹斯山（死火山）是太阳系内最雄伟的高山，其火山口的直径达 600 千米，主峰高达 26 千米！而在赤道附近的"水手谷"绵延 5000 千米，最宽处的宽度有 200 千米，最深的地方陷入地表 6 千米，真是触目惊心；1973 年 11 月，美国发射了第一艘能同时考察 2 颗行星（水星和金星）的飞船——"水手 10 号"，它飞过金星之后，曾三访水星，离水星最近时，只有327千米，使人类看到了一个比月亮还崎岖不平的世界；当然，与后来的"海盗号"、"火星全球观测者"、"火星探路者"、"麦哲伦"等更为先进的探测器相比，它又不免显得是小巫见大巫了。

还值得一提的是，美国1977年发射的两个"旅行者"飞船，它们开创了对于卫星地形的研究。目前，人们手中已经有了若干个卫星的地形图。卫星的表面更加丰富多彩，这又一次表明，宇宙间还有无穷无尽的奥秘正等待着人们去揭晓。

第三节　天文学与化学

太阳上的金子

稍有科学常识的人都知道，世界万物都是由分子组成的，而分子又是由原子构成的，不管花花绿绿的世界多么千奇百怪，不管物质世界如何光怪陆离，原子的种类（称"元素"）却十分有限，总共不过100多种。正如英语中有无数个单词，但英文字母只有26个一样。

有关世界万物的本原问题，古今中外都有许多论述：古希腊的泰勒斯主张，宇宙万物的本原是"水"；他的两个学生有一位却修正为"气"：所有的一切都是由"气"变稀或变浓造成的；另一人则说，万物乃从"无限"中产生；稍后的赫拉克利特则坚持一切都产生于"火"，火才是宇宙之本原；到毕达哥拉斯时，他又发展为水、火、土、空气四种元素及其相互作用产生了世界……我国同样也有多种见解争论不止，如殷末周初已经有万物由水、火、木、金、土构成的说法在广为流传，战国中期有"凡物之精，比则化生，下生五谷，上为列星"的"精气"学说；三国年间又出现过"元气"说……真是五彩缤纷，令人目不暇接。

天上的物质是否与地球相同？这又是饶有兴味的大问题。一些人总认为，天上万物尽善尽美，地面东西岂能与其相提并论？我国还有如"天壤之别"等成语。直到 1825 年时，法国还有个颇有名望的哲学家孔德喋喋不休："恒星的化学组成是人类绝对不能得到的知识。"的确，恒星那么遥远，动辄多少多少光年，人类永远也无法到达那儿，而且恒星的温度又是那么高，人还未到它身边，早就被烧毁了，所以孔德敢于下此结论。

然而，科学的威力是无穷的。孔德得意了没有多久，崭新的分光技术发明了，与此匹配的光谱理论也诞生了。它们为人类提供了窥察物质成分的可能，因为同种元素产生的光谱有着同样的谱线，每条谱线都有不变的"住址"，即具有固定不变的波长。所以，只要仔细分析所得光谱之中的所有谱线，测出它们在光谱中的位置（波长值），就不难得知它中间含有哪些元素、每一种元素的相对含量有多少……

科学家们正是用了这样的方法，拍摄了许多天体的光谱照片，再逐一进行光谱分析，终于揭开了天体的化学组成之谜：原来天上的星星也是由普通的元素组成的，现在完全可以肯定，恒星上面没有一种地球上没有的元素，以太阳为例，可见表 3 - 1。

表 3 - 1 太阳上最丰富的八种元素的含量 （%）

元素名	氢	氦	氧	镁	氮	硅	碳	铁
原子数	90.7	9.1	0.09	0.2	0.01	0.07	0.05	0.007
体积比	81.76	18.17	0.03	0.02	0.01	0.006	0.003	0.0008

相传，光谱理论的发明者，德国物理学家基尔霍夫在一次科普演讲会上说，从我们得到的太阳光谱看，它具有金子的谱线，这证明，太阳上面有金子存在。这本是一个生动的例证，也是客观存在的事实。可大概商人对黄金有着特殊的感情，一个坐在前

排听讲的银行家立即站起来，以不屑的口吻说："如果我们无法从太阳上得到它们，那末请问先生，你所说的那些金子又有什么用呢？"

几年之后，由于基尔霍夫的光谱理论得到了极其广泛的应用，为科学发展做出了巨大的贡献，他本人也因而荣获了一枚金质奖章。颁奖仪式一结束，他立即找到了当年那位银行家，并把奖章放在他的面前说："你瞧，这就是从太阳上来的金子，我已经得到了它！"

平心而论，太阳上面主要的元素是氢和氦，金的含量真是微不足道——0.0000000009%，但不能忘记，太阳的质量是一个庞大的"天文数字"，所以如若能全部取出，仍是一个非常可观的天文数字：1.8×10^{19}千克——1.8亿亿吨！全球60亿人，每人可分得300万吨。

地球上的"太阳元素"

太阳是生命之源，光明之源，能量之源，太阳对于人类实在是太重要了。所以科学家对于太阳的光谱研究也分外用心，其间的故事当然也就层出不穷了。

开始时人们当然会追问：太阳上究竟是否有特有的、地球上所没有的元素？

太阳是那么耀眼，所以有一些观测项目必须等到日全食的时候来进行。而这种机会并不太多，即使难得碰上一次，时间也极其有限，通常不过二三分钟而已。理论上可以证明，地球上任何地方一次日全食的时间不会超过7分31秒。有史以来所见最长的记录是1955年6月20日发生于太平洋上的一次日全食：7分15秒；根据天文学家的计算，在公元2186年7月16日，人们在大西洋上可以见到一次接近理论值长度的日全食——7分28秒。如果我们"守株待兔"，很可能会终生没有这种机会。由此可见，天文学家常常不惜长途跋涉，去追逐那难得的机会，也是情理之中的事。

为了观测 1868 年 8 月 18 日发生于印度的日全食，法国天文学家让桑不远千里来到那儿。一切都很顺利，他在分光镜中见到了美丽的太阳光谱，但这次他见到了 3 条较亮的光谱线：一条是明亮的蓝线，一条是鲜红的红线，这是他很熟悉的老相识——氢的身份标记，太阳上面几乎是氢的世界，它的谱线分外明亮当然不足为奇。但这次他还见到了一条相当强的黄线，这是过去从未见到过的谱线，他不明白这位不速之客来自何处。而且在日食早已过去的第二天，他继续对太阳观测时，发现这条黄线居然依然清晰可见。

那时候，交通相当不便，让桑给科学院的报告在路上竟走了 2 个多月，一直到 10 月 26 日才抵达巴黎；真是无巧不成书，那天法国科学院还同时收到了另外一封来信，发信者是英国天文学家洛基尔。所签的日期是 10 月 20 日，内容与让桑的信件大体相似，也是说在太阳外层大气（日珥）的光谱中有一条来源不明的黄线。

光谱分析的方法和理论已是屡试不爽的定论，两份来自不同国家、不同时间的科学报告，只能解释为是他们发现了太阳上存在有人们当时还不知道的、地球上没见过的新元素！为了纪念这一发现，法国科学院特制了一枚金质纪念章，其正面是让桑和洛基尔的头像，章周边一行文字的大意是："1868 年 8 月 18 日太阳日珥分析"；纪念章的另一面是一幅图，图上是阿波罗（太阳神）驾驭着由四匹神马拉着的神车在天上巡视。

于是，产生这条黄线的新元素被命名为"氦"（He），这是拉丁文中"太阳元素"的意思。太阳元素真是只存在于太阳上吗？多数科学家不相信人世间找不到它的踪迹。然而，要在偌大的地球上去搜查一种从未见过的、性质不明的新元素又谈何容易，不少化学家废寝忘食，可它始终不肯轻易亮相，一直过了

25 年，英国物理学家莱别伊在重新测定氮气比重的精密值时，发现从氨中提取的与直接从空气中得到的两种氮气，它们的重量有微不足道的差异——1 升相差不到一只跳蚤的重量。但科学家就是抓住了这点差别，顺藤摸瓜，找到了一种新的元素，它的比重为氮的 1．5 倍，由于这种新的气体几乎不与其他元素发生交往，故称为"惰性气体"。正当他以为大功告成时，另一位化学家指出，莱别伊所发现的，并不是人们日思夜想的"太阳元素"，而是另外的新元素"氩"（Ar）。

最后，是著名化学家拉姆泽从黑色的钇铀矿中好不容易才把氦"请"了出来，这段曲折的经历，不禁使人想起那句古词："众里寻他千百度，蓦然回首，那人却在灯火阑珊处。"

在人们苦苦寻找氦的几十年中，如氩那样"意外"收获的副产品也很丰富，一系列的惰性元素的问世，大大丰富了人们对于物质世界的认识。而氦的"降凡"也为后来的低温物理学的诞生创造了条件；氦本身在许多方面也有着广泛的应用。

太空中的桂花酒

哲人有词曰："问讯吴刚何所有，吴刚捧出桂花酒。"这当然是一种革命的浪漫主义，谁都知道，月亮上根本没有生命，哪来什么嫦娥佳酿？然而，宇宙真不愧是一个最高明的魔术大师，它早已在宇宙的深处准备好了取之不尽、用之不竭的上好美酒！

事情还得从头说起，60 多年前的 1937 年，天文学家意外地在茫茫太空的一些星云中发现有一些有机分子存在：其中有甲川（CH）、甲川离子（CH^+）、氰基（CN）等等。虽然这几种双原子分子几乎是最简单的有机分子，但仍然轰动了世界。因为这是对以前旧理论的重大挑战：过去人们一向认为，分子需要两个原子"有缘千里来相会"，有碰在一起的机会，才有结合的可能。在星云之中，物质极其稀薄，温度低到接近绝对零度（约 – 273 摄氏度），所有的原子几乎被冻得动弹不得，如何能跨越很长的距离去与其他原子相会？更不要说太空中的宇宙辐射是如此之强，那些现存的分子也常常经不起它们的轰击而土崩瓦解，星云中难道有什么"防空洞"？

尽管人们百思不解，但事实摆在面前，却是不容置疑的。不过，由于条件的限制，在相当长一段时间内，也并无什么更新的进展，热闹了一阵也就过去了。

哪知就在人们将要把它遗忘之际，一种全新的观测仪器，一门新兴的天文学科诞生了，这就是射电望远镜和射电天文学。射电望远镜专门接收天体所发出的射电（即无线电波），并能放大几千万倍，以从中得到有关天体的各种信息。它的最大优点是不怕风雨、不怕云雾，甚至也不必专门等到夜晚，任何时候它都能为人类效劳。正因为如此，它可穿透到星云的内部，观测到一般光学望远镜见不到的东西。在逐步解决了它的一些不足之后，60年代就一鸣惊人，获得了众多重大发现。

其中第一炮就是星际有机分子！1963年，天文学家用波长为18厘米的波段观测太空时，竟得到了一条从未有人见过的、很强很亮的发射线（炽热的、处于低压状态下的气体，它所形成的光谱是发射谱——谱线都变成了明亮的发射线），它来自何方？姓甚名谁？一时间人们猜测纷纷，好事者则匆匆给它起了个名字："奇醇"；当然也有人在怀疑是否仪器出了问题。

好在没有过多久便水落石出了，原来，奇醇不奇，它就是人们再熟悉不过的水的化身——羟基（OH）！从此之后各种星际分子纷至沓来：氨（NH_3）、水（H_2O）、甲醛（H_2CO）、氰基（CN）、氢氰酸（HCN）……到1985年底，科学家们已经得到了300多条分子的谱线，并从中证认出了66种星际分子，涉及的化学元素有：氢（H）、碳（C）、氧（O）、氮（N）、硫（S）、硅（Si）等六种；最大的分子（氰基癸四炔，$HC_{11}N$）由13个原子组成，其分子量达147；包含元素最多的分子是甲基酰胺

（$HCONH_2$）。

1974年，美国天文学家在人马座A星云中意外地发现了大量的乙醇（C_2H_5OH），而乙醇正是美酒最主要的成分。由于星云一般都是庞然大物，即使以1个太阳质量计，人马A中"桂花酒"的质量（重量）也远远超过了整个地球的质量！1995年又有一位英国天文学家在天鹰星座内发现了一个富含"美酒"的星云，它离我们的距离有1万光年远，其中共有美酒10^{25}千克，以地球上有50亿善饮者计，人均可拥有2万亿吨！即使让他们天天豪饮，每天喝上几千克，2万亿吨足以供应5万亿年。

许多星际分子如氰基丁二炔（HC_5N）、氰基辛四炔（HC_9N）、双原子碳（C_2）等，它们在地球上是不可能存在的，还有一些星际分子，虽然在实验室的特殊条件下也可制造出来，但却很难保持长期稳定。因此，星际分子的发现一向被认为是60年代四大发现之首，对于分子形成理论的完善具有十分重大的意义，同样它也深刻地改变了人类对于生命问题的认识，更有力地推动了天体演化研究的进展。因而，美国天文学家汤斯于1964年荣获了诺贝尔奖，吹响了天文学向科学界最高奖冲击的冲锋号。

星名中间的化学

天文学与化学的结缘真是源远流长，早在远古时期，它们便已难舍难分——你看那些形象怪异的天文符号，其实就是古代化学家们和炼金术士的座上客：太阳的符号是一个圆圈中加上一个小点："⊙"，就是他们最喜欢的金子；而那弯弯的月亮符号："☾"则代表了白银；水星"墨丘利"是众神的信使，它的天文符号是两蛇相缠绕的神杖："☿"，可到了化学家眼中就变作了明晃晃、可以自由流动的水银；"♀"是爱神维纳斯（金星）心爱的宝镜，却又代表了铜；战神玛尔斯（火星）的长矛与盾牌"♂"则是可以锻炼成锋利武器的铁；最大的那两个行星，木星和土星则与两种熔点较低的金属挂了钩："♃"木星代表了锡，另一个符号土星"ħ"就是铅。

1781年，英国一个迷恋天文学的乐师威廉·赫歇耳一鸣惊人，竟然在太阳系的"外面"（此前人们都把土星看作为太阳系的边界），发现了一颗新的行星。行星居然还能由人们去发现，这说明，今后谁都有可能成为发现新行星的名人。威廉·赫歇耳本人当然因而蜚声天下，并成了令人倾羡的皇家天文学会的成员。

但应给新行星取什么名字，却意见不一了：法国主张以发现者的姓氏为名，甚至直到1846年还有人坚持呼它为"赫歇耳星"；赫歇耳本人却希望称之为"乔治"，因为乔治三世是一位热心支持科学事业的英国皇帝，对赫歇耳一直优裕有加……可天文界不以为然，他们坚持行星命名用希腊或罗马神的惯例，最后一致同意了柏林天文台台长波得的建议："Uranus"——了不起的第一代开天辟地的天神，中文译为天王星，其天文符号为"♅"。1789年德国化学家克拉普罗特发现了一种新的银光闪闪的金属，为纪念天王星，这位化学家便把这新元素命名为"Uranium"（铀）。

太阳系最后的两个大行星也有与天王星相似的经历。海王星的故事特别动人，至今仍然还有人津津乐道，因为它是1846年天文学家用笔和纸发现的行星。而我们的"老九"——冥王星是到了20世纪30年代才来到人间的。前者曾作为同时证明了牛顿万有引力定律和哥白尼日心学说的范例；青年天文学家汤博千辛万苦找到了极为昏暗的冥王星，则是被誉做20世纪天文学上的重大发现。凑巧的是，1940年人们也发现了3种新元素，科学家们毫不犹豫地把其中之二分别给了它们：第93号元素是镎——"Neptunium"，海王星的名字正是Neptune；冥王星（Pluto）当然也就是第94号钚——"Plutonium"了。更让人拍案的是，人们当时以为天王、海王、冥王是三颗性质相似的"孪生兄弟"，而与之对应的那 3 个元素铀、镎、钚亦是元素中的性格相近的"三兄弟"。

还有两种性能非常相近、又相当罕见的新元素碲和硒，它们徒有金属的光泽却没有金属的秉性，人们立即把这两个"姐妹元素"与地球、月亮对应起来：其中 1782 年发现的碲称为"Tellurium"，显而易见，这是从希腊文地球"Tellrian"演变而来的；1817 年发现的硒则叫"Selenium"，这正与月神"Selene"的希腊名字可以相对应起来。

19 世纪伊始，意大利的皮亚齐和德国的奥伯斯先后发现了两颗小行星，揭开了"失踪行星"之谜，不过世人对两人的态度竟截然相反。前者荣耀之极，后者却备受冷落，原因是这两个小天体的轨道在同一范围内，以前可从来没有出现过这种"一仆二主"的情形，何况奥伯斯原来是从医的。这两颗小行星的名字分别为"Ceres"（中译谷神星）和"Pallas"（智神星）。1803 年，化学界也多了两种新元素，化学家们就在把那两个小行星名字拉丁化后："Cerium"、"Palladium"做了它们的元素名字。在我国，它们分别译为铈及钯。

第四节 天文学与物理学

牛顿的大炮

在以往的战争中，威风八面的大炮曾被誉为"战争之神"。当年法国科幻大师凡尔纳在他的《从地球到月球》中，探险的勇士们乘坐的"宇宙飞船"竟然就是一枚硕大无朋的巨型炮弹，它的直径为 108 英寸（2.74 米），重 19250 磅（8750 千克），发射该炮弹的大炮长达 900 英尺（274 米）！当然，今天人们都已明白，太空旅行需要由火箭发射的宇宙飞船，别说凡尔纳的超级大炮谁也造不出来，即使真的造了这样骇人的东西，坐在炮弹中的人，刚一发射就会呜呼哀哉了。

但大炮确实会给人留下深刻的印象。甚至大科学家牛顿在探索万有引力时也借助了大炮。他设想，在一座高山顶上，架上一尊大炮，炮身水平安置，那么发射出去的炮弹一定会沿着一条曲线（抛物线），飞越过一段距离之后再落在地上。如果没有空气的阻力，那么，炮弹的速度越大，它飞过的距离也就越长：速度增大一倍，距离也会增长一倍；速度增大 10 倍，距离也相应增加 10 倍。而倘若速度一直不断增大，势必会有不再落回地面的时候，因为地球表面是弯曲的球面，而且，那颗炮弹还应绕着地球转动。接着，他更展开丰富的想像，把月球就看做是一枚"炮弹"，他分析：月球绕地球的轨道运动可以分成二部分，一是按照惯性的直线运动，这种运动的方向是轨道的切线方向；第二种运动是由地球引力引起的，它是朝着地球的。牛顿说："没有这样的力，月球就不会保持在这样的轨道上，如果这个力太小，就不能使月球偏离它的第一种直线运动；而倘若这个力过大，就会使月球偏离过多而从轨道上落下来，掉到地球上。"当然，他最后还作了令人信服的大量计算，得到了地球表面上重力加速度的准确值为 981 厘米/秒^2；第一宇宙速度（围绕地球运转的最小速度）为 7.9 千米/秒；第二宇宙速度（飞离地球的最小速度）是 11.2 千米/秒；第三宇宙速度（从地球飞离太阳系的最小速度）是 16.6 千米/秒……

牛顿还反过来，用万有引力定律证明了，两个天体在此力的作用下，必然会沿着曲线绕转，这曲线可能有三种形式：椭圆、抛物线、双曲线。这为后来哈雷研究和预报哈雷彗星起了至关重要的作用。

牛顿的万有引力以及他的三大力学定律，为现代的物理大厦奠定了最坚实的基础。人们也从中认识到了物质世界的统一性。后来，天文学家把它用于双星系统，揭开了双星间的许多奥秘，从中能够求出那两颗子星的确切的、可靠的质量值——这是恒星最重要的物理参数。正是其质量，决定了它形成时有多亮、表面的温度有多高、以后的寿命有多长……后来天文学家还研究出用双星的轨道来求出它们离开我们的距离。

1844年德国天文学家贝塞耳也是根据了万有引力定律，才坚定不移的认为，在明亮的天狼星旁，尽管现在什么也看不见，但从天狼星在空间的运动扭扭摆摆的样子看来，完全可以肯定，它身旁应有一颗正在吸引着它的恒星。这个科学预言在18年之后得到了证实，并使人们第一次知道，世界上还有一种密度大得难以想像的天体——白矮星。哪怕是苹果那么小一团物质，只要是取自于白矮星就非同小可，它将重达175000吨！地球上还找不到一张可以安置它的桌子。

使万有引力达到极致的，则是二百年后海王星的发现了。因为，赫歇耳发现的天王星的行径十分奇怪，似乎它与其它行星不同，不肯完全服从牛顿的指挥，时常要"出轨"。是什么原因使它搞特殊化？尽管也曾有少数人一度对牛顿定律产生过疑虑，但绝大多数科学家则认为，其中一定有"幕后人物"在操纵着它，即在天王星的外面，还有一颗未知行星在兴风作浪，人们应当把它揪出来示众。

不过说来容易，做起来却是千难万难，未知因素实在太多了，数学上的巨大困难使一些人望而却步。还是初生牛犊不怕虎，两个年轻人，英国的亚当斯和法国的勒威耶，在互不知晓对方工作的情形下，差不多同时获得了成功，不同的是，前者的论文被权威束之高阁，后者却幸运地摘取了桂冠。但是，最大的赢家是牛顿的万有引力定律。

不存在的"新元素"

在人们对于物质世界知之不多的19世纪，利用光谱分析来搜索和发现新的未知元素，是一种非常有效的方法，不少科学家也享受到了胜利的喜悦，"太阳元素"氦的故事只是其中一个生动的例子。其实，还在让桑拍得氦的黄色光谱线之前，已经有人在漫漫的星云中遇到了类似的问题。

我们知道，在茫茫的宇宙空间，除了众多的恒星以外，还有着大量的处于弥漫状态下的星云，千万不要小看它们，以为星云之中空空荡荡，每立方厘米内只有区区几十到几百个粒子（包括原子、分子及离子），比目前科学家能够制造出的"真空"还要"真空"得多，但由于它的范围极大，直径在 1～300 光年间，所以星云的质量非同小可，平均为太阳质量的 10 倍左右。现代的科学研究还表明，星云也是天体演化的重要环节：恒星是由星云收缩形成的，而恒星在走完它的漫长一生后，最终又土崩瓦解再回复到星云状态……

1846 年，天文学家在研究星云的光谱时，发现除了人们熟悉的那些元素的谱线外，它中间还有若干来历不明的绿色谱线。而且这种赏心悦目的绿线似乎只有星云的光谱中才会出现，这岂非表明，星云中有一种特殊的"星云物质"？科学家们甚至早早为它起了名字："氜"。为了寻找这个"氜"，科学家们真是食不甘味，找遍了一切可以到达的地方，用尽了浑身的看家本领，可是，几十年时间过去了，它还是不肯露面。

"氜"没有着落不说，毕竟那是遥远的星云中的事，一时间还与我们扯不上什么大关系，可以暂且不去管它，但是对于我们身边的太阳，却切切不可稀里糊涂了。就在发现"太阳元素"的第二年，美国天文学家哈克尼斯也是在一次日全食的观测中，在他拍摄的太阳日冕（太阳最外面的一层大气，由于它极其稀薄，只有在日全食的短暂时刻才能见到）的光谱照片上，也出现了三条色彩不同的谱线：一条为红色；一条是橙色；还有一条也是绿色的，不过，具体的位置却与在星云中的绿线又不一样。既然黄线命名了氦，那么也不妨把它们称之为"氕"。

"氜"和"氦"的不解之谜成了科学家的两块心病。为了揭开其中的奥秘，许多科学家努力奋斗了很多年。那位法国天文学家让桑，为了要去观测 1870 年 12 月 22 日的一次日全食，不顾此时巴黎已经被德国军队包围，有被炮火击中的性命之虞，硬是乘上了一个高空气球逃出巴黎，然而，非常可惜，当地的天公不作美，满天的阴云使他什么也没看见，万般无奈，让桑后来也只得怏怏而归。

尽管科学家们许多努力似乎没有什么确切的结果，但他们的辛勤劳动也没有白费，不倦的探索，极大地推动和促进了物理学及其他学科的繁荣与发展。反过来，正是科学的发展逐步为解决问题创造了条件。尤其是恒星大气理论和量子力学的诞生之后，多年的疑难终于水落石出了。

在探索了 64 年之后，美国天文学家鲍恩终于证明，所谓"氜"，其实不是什么奇特的新元素，而是人们再熟悉不过的铁。只是在地球上，甚至在最好的实验室内，铁总是循规蹈矩的，但是在那些物质密度极其稀薄的情况下，它会一反常态，发出令人不解的绿线来。现在人们称这种谱线为"禁线"，禁线的理论是物理学上一个重大的突破。1941 年，瑞典物理学家埃德伦就是用这理论，解决了"氦"的问题。原来，这些"氦"线乃是铁、镍、钙等平常的元素产生的禁线——不过它们已被高度电离了，原子中的外层电子已"不知去向"，这表明，那儿的温度非常高，至少在百万度以上。可日冕离开太阳表面已有相当的距离，而且日面本身的温度也不到 6000 摄氏度，日冕上怎么反而会高到如此程度？怎么会出现这样的咄咄怪事？为了寻求其答案，又催生了磁流体力学……瑞典天文学家阿尔文还因此荣获了 1970 年的诺贝尔物理奖。

对称的单词

现在恐怕不知道雷达的人已不会太多了。因为在二次世界大战中，它为反法西斯战争建立了赫赫功勋。从实力而言，当年英国空军远非希特勒的对手，正如邱吉尔所言："在人类战争史上，如此以强凌弱，而强者反而遭到如此惨败的先例恐怕是从来没有过的。"英国所以会取胜的原因固然不少，但不可否认，1940 年发明的雷达是重要因素之一。

雷达的威力也在海战中得到了充分的体现，1941 年 3 月的一个夜晚，英国一艘主力舰从雷达中发现，在附近不远处的海面上，意大利的一支混合舰队正在行进中，英国人知道，敌人舰队的速度比自己快得多，一旦被他们发现，就很难摆脱，于是决定先发制人，乘着夜色的掩护，依靠雷达的导向，主动冲上前去，在不知虚实的意大利人还未来得及做出反应前，打它一个措手不及，果然转败为胜，创造出又一个以少胜多的战例。

"雷达"当然是个外来词，有趣的是，在英语中，它是"radar"，是左右完全对称的一个词；而在俄语中，它仍保持有这样正过来、反过去的特点："радар"。这表明，它有很强的反射性质。利用这个性质，天文学家又有了大显身手的机会。

最早是用它来测量天体的距离，其原理并不复杂，因为雷达是以光的速度行进的，只要测出它一来一回花了多少时间，再乘以光速就行了。1957 年，科学家们在月球上小试牛刀，果然旗开得胜，获得了误差只有 ±1.1 千米的准确度——384402 ± 1.1 千米，如用这样的精确度来画百米跑道的起始线，非得用很细的细钢笔不可了。现在用了激光，更使误差缩小了几百倍，达到了 ±7 米的惊人程度。此后，它又帮助人们测量了太阳、水星、金星、火星等天体的距离，无不得到了很好的结果。

我们知道，金星是地球的近邻，而且它的大小、质量与地球相差无几，加上它又有一个浓厚的大气层，让人觉得金星是地球的姐妹。可是"成也萧何，败也萧何"，金星的大气层又是人们研究金星的极大障碍，使人从来也见不到它的真实表面，以致一些人会浮想联翩，以为在浓云之下可能有一个生气勃勃的生命乐园。50 年代末，雷达的波束穿透了金星的大气，结果是让人大大地吃了一惊：原来金星表面上是极其可怕的火炉，温度在 300 摄氏度以上（后来飞船探测表明比此还高得多，达 480 度）；而更令人不解的是，金星是自东向西自转的！或者说在金星上，太阳每天是从西边升起来，向东边落下去的。不是雷达"身临其境"，谁会想到这个"金星妹妹"竟与"地球姐姐"是这样的天差地别！

雷达还告诉人们，过去对于水星也有很多误解，它并非同月亮那样，自转的周期与公转完全相等，总是以同一面朝向中心天体。水星的两个周期不同，所以不是一面永远朝着太阳，另一面"永无天日"。雷达测量的资料表明，它自转的周期正巧是公转周期的 2/3，于是，出现了又一个宇宙奇观：水星上的一"天"长达 4224 个小时——相当于 176 个地球日！而它上面的 1 年才 88 日，也就是说，水星上面 1"天"等于 2"年"！

用雷达进行扫描，可以测出地形的高低，所以它早早为人们画出了月球表面的立体图，把上面的山脉、沟壑、甚至巨石、大坑都测量了出来，这为以后的人类登月提供了不少帮助；同样对水星、金星、火星，它也进行过类似的工作，也都得到了一些宝贵的资料。

雷达最远时曾到了土星的范围，它告诉人们，土星那美丽的光环并不是弥漫的气体，而是无数坚硬无比的石头、冰块……

进入了空间时代之后，那些宇宙飞船所得到的珍贵的资料，也是由飞船上的雷达传回地面的。它们所建立的丰功伟绩更是无法用几句话来概括的了。

天上的核爆炸

原子弹和氢弹是人人谈之色变的大规模杀人武器，当年在日本广岛及长崎上空的两朵可怕的蘑菇云，顷刻之间就夺去了几十万人的生命，它们在人类心灵上所留下的阴影很难在短期内消弥。可以说，任何一个头脑正常的人，都不会欢迎它。

但世界上的事都有二面性，核爆炸又何尝不是这样，在地上它必然会造成可怕的后果，然而，如若在天上，在宇宙间则又当另作别论了。

人们常说万物生长靠太阳，这是不错的。太阳每时每刻都在无偿地给我们光和热，据科学家们计算，太阳每 1 秒钟发出的总能量高达 3.82×10^{23} 千瓦——相当于 1 亿亿吨优质煤完全燃烧时发出的能量总和。有人打了这样一个比喻：倘若在太阳与地球之间有一座硕大无比的冰桥，冰桥截面的直径有 3 千米，几乎是泰山高的 2 倍，可只要太阳"集中精力"，以其神威 1 秒钟就可把它全部溶化，9 秒钟内所有的冰水将变成蒸气！——不难设想，如果这些能量统统射向我们地球，那就相当于在地面上，每平方千米都引爆一个最大的大氢弹！幸运的是，地球上得到的太阳能仅是其总能量的 22 亿分之 1。

从中也可知道，太阳发出的能量相当于每秒钟 900 亿颗大氢弹同时爆炸。自古以来，人们就一直在猜想，如此巨大的能量从何而来？会不会有耗尽的时候？这种担忧似乎可笑得很，但又在情理之中，因为人类什么时候也少不了太阳。

为了解除人们的这种忧虑，就必须搞清太阳的能量来源问题。古人只想到火炉，因为只要保障不断添加燃料，火炉的确能提供源源不绝的光和热。可是用心一算，不免让人气馁：即便太阳全是由最好的优质煤组成的，又有足够的氧气助燃，最多也只能维持 24000 年；后来人们又想到了流星或陨星，因它们有很高的速度，的确也可以提供相当的能量，可仍然过不了计算这一关，因为要发出太阳那么多的能量，至少要保证每秒钟内都有 47000 亿吨流星冲向它，而以此方式，太阳就要不断变大——1000 万年就会增大 1 倍，显而易见，此路同样不通。以后还有人提出了其他一些设想，可总是顾此失彼，难以自圆其说。

1937年夏的一次科学沙龙上，美国几个物理学家又旧话重提，议论开了这个问题。有人就提出，恒星包括太阳，能在如此长的时间内一如既往发出巨大的能量，很可能是因它们的内部正进行着核反应。后来其中之一的特勒受此启发，专门研究氢弹，最后成了"氢弹之父"；而另一位贝特，则由此深入下去，并逐渐完善了恒星能源的理论，终于在1967年成为第二位荣获诺贝尔奖的天文学家。

用爱因斯坦的"质能关系"，可以完满地说明这个问题。爱因斯坦在他的相对论中指出，质量与能量是可以相互转化的，如果在反应中物质的质量损失了m，就会得到mc^2的能量。必须说明的是，质量损失不能简单地理解为如"被火烧掉了"，或在化学反应中"不见了"之类，因这些变化中物质是不灭的，只是改变了它原来存在的方式而已。恒星（或太阳）的内部，时时都在进行着4个氢原子聚合成为1个氦原子的热核反应：而4个氢原子的质量恰恰比1个氦原子大0.028697（原子单位），正是这个看来小得不能再小的那么一点点质量，与光速的平方一乘就非同小可——每秒钟内，太阳内部有6亿吨氢聚合成59574万吨氦，所损失的426万吨物质就化为3.8×10^{26}焦的能量，源源不断地向太空发出……以太阳的质量言，足以维持上百亿、千亿年。

新星在召唤

人们常说世界之大无奇不有，的确，宇宙就是比人们能想像的更奇特，更丰富，更有趣。太阳的巨大能量已经让人叹为观止，但在新星、超新星面前，真是"小巫见大巫"了。

所谓"新星"，其实是古人的误称，因为它并不是刚刚诞生的新恒星，而是原先混迹在繁星之间的、并不引人注目、甚至肉眼看不见的暗星，突然一下明亮起来，就像是一支小蜡烛突然间变成了一盏探照灯，从肉眼看起来，好像在那儿新冒出了一颗星似的。

新星突然发亮的原因是在那儿发生了猛烈的爆炸，恒星表面上的物质被炸得四处乱飞，其速度比人造卫星还要快上 62～250 倍，达到 500～2000 千米/秒；炸飞的物质有 $10^{25}～10^{27}$ 千克，相当于地球质量的几十到几千倍；不难算出，新星这么一爆，所放出的总能量可以高达 $10^{36}～10^{38}$ 焦耳，或者说是太阳一年总能量的一万到几万倍。

新星固然惊天动地，但与超新星相比，又显得黯然失色了。超新星无疑是恒星世界中最最厉害的爆炸，它会使原先的恒星亮度一下猛增 1 亿多倍，也就是说，一颗超新星所释放的总能量可抵得上几千万颗新星的和（表 3 - 2）。

表 3 - 2　新星与超新星的比较

	光增强倍数	能量(10^{33}焦)	抛出质量(10^6太阳)	抛出速度(千米每秒)
新星	几万	$10^3～10^5$	10～1000	500～2000
超新星	几千万至几亿	$10^7～10^{12}$	1000～10^6	～12000

超新星是非常罕见的星空奇观，在我们银河系内，往往要二三百年才会来这么一下。1572 年 11 月 11 日，丹麦贵族子弟、26 岁的第谷·布拉赫在见到了一颗超新星后，他在日记中写下了这么一段话："每当黄昏来临之时，我总会习惯地抬头看天，这是我多年来养成的习惯。可是今天我发现，就在头顶上空有一颗很不寻常的星，它是那么耀眼，使其他的所有星星都黯然失色……还在孩提时代，我几乎已经认识了天空中所有的星星，我的经验告诉我，这个天区中以前并没有什么亮星，更不用说是像现在那样的亮星了。"正是受了这颗超新星的感召，他毅然放弃了仕官之路，终生与星星为伍，并成为一代天文观测大师。

超新星以其无与伦比的惊人能量，一直引吸着众多科学家的注意，想当年，人们在研究恒星的能源时，受到它的启发制造成了原子弹与氢弹，在此基础上开始了核能的和平利用。倘若我们能把超新星的爆发机制搞清，并加以利用，那么，还用怕什么"能源危机"？

超新星这一爆，对于它本身是一场灭顶之灾，因为在爆炸后，原来的恒星将不复存在，或者是全部灰飞烟灭，统统变成了弥漫的星云物质——如同蟹状星云那样的超新星遗迹，或者是外面部分变成超新星遗迹，余下的核心部分再次受到猛烈的挤压，形成密度惊人的"致密星"（白矮星只是其中最不密的一种）。不过，人类却应对它深表敬意，如果不是它那么猛然爆炸，可能今天的宇宙还是那么单调。因为世界上原先只有氢和氦这两种最简单的元素，其他的重元素都是靠恒星内部的核反应聚变生成的，但它们都"深在闺阁无人知"，居于恒星的最内层，全靠超新星把恒星外面的部分掀翻，它们才能抛头露面，形成今天这个花花世界，生命也是在此基础上应运而生的。否则，即使后来也会形成太阳、地球，那也一定只是一片不毛之地。实际上，其他元素所以能来到这个世界，爱美的女性所以能带上漂亮的戒指、耳环，都不能忘记了我们的超新星啊。

从理论而言，我们银河系内大约要相隔300年左右才会出现一次超新星，历史记录也不多，所以我国古代的有关资料具有很高的学术价值。正因为它们十分稀罕，当年加拿大天文学家发现了一颗超新星后（也是仅有的一次），竟然引起全国一片欢呼，专门为此举行了大规模的庆祝活动。我国近年来在这方面亦有骄人的业绩，仅北京天文台在1996至1997不到两年的时间里，捷报连连，一共发现了6颗之多（都在银河系外），令世人刮目相待。

第五节 天文学与哲学

挣脱神学的桎梏

世界著名的古典哲学大师、德国哲学家伊曼努尔·康德在1788年所著的名著《实践理性批判》中有段名言:"世界上有两件东西能够深深地震撼人们的心灵,一件是我们心中崇高的道德标准,另一件是我们头顶上的星空。"

如何观察星空,自古以来就有不同的方法及结论,崇尚科学的人会从中得到认识宇宙的钥匙,为人类造福;而那些唯心主义者不免将人引入歧途。不过在古代时,二者又常常是"你中有我,我中有你",天文学家与星占学家往往是同一个人,甚至有人认为,直到欧洲文艺复兴还要稍后一些年代,仍然难以把这两种人区分开来。

在中国古代,虽然没有政教合一、教会统治一切的黑暗岁月,但封建统治者从来鼓吹"天人合一"的观念,生怕民众了解了天文知识后,就会对他这个"天子"有所不敬,所以总是把天文学作为深宫内院的"圣学"。即使是思想比较开放的唐朝,也明令规定,凡私学天文者,要处以两年徒刑;到宋朝时,这种罪名竟然不断升格,后来甚至于要问斩!宋太宗还算网开一面,在下令逮捕了351个民间天文学者后,还对他们当场进行考试,结果其中只有68位通过,除了这68人被国家有关天文台录用为工作人员外,其余的283人则一律沦为阶下囚,最后"黥面(在脸上刺字)流海岛",其悲惨命运难以形容。

自公元476年(西罗马帝国灭亡)到15世纪(文艺复兴)的一千多年,在西方称之为中世纪。在这之前,教会甚至对于星占学也是取一棍子打死的态度,圣·奥古斯汀就说:"所有认为星辰会决定人事凶吉的人都必须住嘴,因为这种见解断然否定了上帝的存在。"但后来，他们终于懂得，只有真正的天文学家才是他们可怕的敌人，星占学有很好的利用价值。于是，欧洲才真正进入了"黑暗时期"。在那个时代，不少人对科学一无所知，有人甚至连希腊那些著名天文学家的名字都不知晓。亚里士多德的水晶球理论和托勒密的地心学说也被视为洪水猛兽。1209和1215年，教会两次决议，重申不准任何人以任何名义抄录、阅读、保存、拥有亚里士多德和托勒密等人的著作，违背者则要处以极刑。当时有人大言不惭地说："我们有了圣经之后，再也不需要其他任何知识了。""讨论大自然和地球的位置，无助于我们对未来生活的信心。"

然而，高压政策只能逞威一时，更无法让天上的星星俯首。故到1227年格里果里九世登上罗马教皇的宝座之后，便聪明地改为软硬两手交替施用的办法：在设立恐怖的宗教裁判所的同时，于1231年下令，全面修改、重新评注古希腊的哲学与自然科学著作，实际上，这就是对它们进行歪曲和篡改，于是亚里士多德的精髓变成了长达100章的《神学大全》，托勒密的地心学说成为神学的理论支柱。这二人也因此变成为"圣人"，成为他们镇压"异端"的大棒。西班牙国王阿尔方索十世就因为对托勒密的体系感到不满，说了："要是上帝在创世时先向我请教的话，天上的秩序就不会那么复杂了"之类的话，就被教庭认为大逆不道，于1282年被废黜了。

本是建于臆想基础上的托勒密地心体系，终于日暮途穷，渐渐露出了越来越大的破绽，欧洲资本主义的迅猛发展，迫切需要可以指导航海的天文历书，任何的小修小补已经无济于事，连那些原先笃信托勒密的人也开始不满起来。波兰天文学家哥白尼感到，它"不是忽略了某些必不可少的细节，就是被硬塞进了毫不相干的东西。"为此，他潜心苦苦研究了"四个九年"，为他的新的日心学说献出了毕生的精力。

哥白尼把地球从宇宙中心的位置上拉了下来，让太阳取而代之，粗看似乎并没什么了不起，可在当时却是一场翻天覆地的大革命。正如有个教皇哀叹的那样："如果地球只是众行星之一，那么，《圣经》上面所讲的那些重大事件就完全不可能出现了。"所以恩格斯说，哥白尼"给神学写了挑战书"；歌德对此的评价是："撼动人类意识之深，自古以来无一种发现可与之相比。"

哥白尼的《天体运行论》，篇幅并不是非常长，但它却彻底宣告了"地心说"的死亡，极大地动摇了教会的权威地位。因而尽管该书出版时，老人已经长眠于地下，但还是遭到了空前的谴责和恶毒的谩骂："白痴"、"疯子"、"狂徒"、"傻瓜"之声不绝于耳，其著作被查封、焚毁，追随者受迫害……

可一切都是徒劳的。正如恩格斯所说，它把科学从神学中解放出来，从此科学开始大踏步前进。人们普遍认为，哥白尼是实现人类思想认识史上第一次大革命的先驱。

冲破形而上学束缚

与历史上所有新生事物一样，哥白尼学说的发展也不是一帆风顺的，这不仅有来自教会的巨大压力，他们对于日心说的迫害无所不用其极：烧死了宣扬新学说的布鲁诺；审讯、囚禁了支持哥白尼的伽利略……而且，人们的习惯势力也十分可怕，一些人从感情上不能接受，似乎是因为地球失去了至尊的地位，使他们的自尊受到了伤害，哥白尼家乡的民众，甚至羞于谈论哥白尼，当有人编了一本讥讽哥白尼为"白痴"的话剧后，居然在那儿受到了热烈的欢迎并长演不衰。

其至还有一些天文学家也加入了反对者的行列，号称"星学之王"的丹麦天文学家第谷·布拉赫就是这样，一方面，他在实际的观测中不得不运用按新学说计算的数据，但在心底里却反对哥白尼，他认为"哥白尼的这种论断不仅同物理学的原理相矛盾，而且也同《圣经》中的论断相抵触。"所以，他提出了一个

"折中"的"第谷体系":其他的行星都在绕着太阳转动,但太阳却又带着它们一起在绕地球转……因为他坚持"只能把地球放在中心"。一直到18世纪初,还有一位著名的大天文学家乔·卡西尼顽固地拒绝哥白尼呢!

哥白尼之后,伽利略首先把自制的望远镜指向天空,获得了众多的惊人发现,一再成为当时轰动世界的新闻人物,人们广为传颂:"哥伦布发现了新大陆,伽利略发现了新宇宙";德国天文学家开普勒根据第谷留下的资料,相继发现了有关行星运动的三个定律,成了"天空的立法者";1655年荷兰物理学家、天文学家惠更斯窥破了土星光环的真相;1672年丹麦天文学家罗默测定了光的速度……尤其是19世纪恒星视差的测定、通过计算找到了海王星这两大成就,哥白尼学说和牛顿定律得到了最后的彻底的胜利。

然而,由于牛顿在晚年迷恋上了宗教,极力企图证明"上帝的伟大",当他的"第一推动力"出笼之后,刚从神学中解放出来的科学,重新又陷入了形而上学的泥潭。1692年及以后,牛顿给一个旨在"驳斥无神论"的主教连续写了许多信,牛顿在这些信中提出了他对于太阳系起源的一些看法,其中虽然也不乏有若干闪光点,但他更主要的是为了引述他以下的主张,他先是提出两个问题:一是为什么正好是会发光的物质聚在一起形成了太阳,其他不透明、不发光的物质另外形成了小的星体——行星?二是行星的轨道为何这样完美:几乎都是圆(近圆性)、轨道面大体相重(共面性)、公转都朝同一方向(同向性)。牛顿认为,这些都决不是用自然原因可以解答的,必须要有一个"全智全能的上帝"才行。因为行星要保持在轨道上运动,一定要有一个横向初速度,它既不能太小,哪怕小一点点,行星最终就会落入太阳上;但它又不能太大,稍稍大一些,行星就会从轨道上飞走,所以他的结论是:"没有神力之助,我不知道自然界中还有什么力量竟能促成这种运动。"尽管后来行星不再需要外力，就会沿着轨道运行不息，但在开始时，非得经"上帝之手"来推这么一下不可。而且这样的系统以后也就不再会有什么变化了，开始时是什么样子，以后永远是什么样子，决不会再有任何变化。

牛顿那巨大的威望所造成的影响十分了得，这样一种"自然界形成后永久不变"的形而上学观点几乎统治了一切，如在生物学上有林耐的"物种不变论"，地质学上也有类似的理论……恩格斯总结这段历史时说，从哥白尼发布"自然界的独立宣言"开始，自然科学刚迈出了第一步，就又被禁锢在形而上学的樊笼中了。

而冲破这枷锁的又是天文学！1755年，德国哲学家康德在他的《自然通史和天体论》一书中，提出了一个关于太阳系起源的星云学说：认为太阳系中所有的天体都是从一团星云形成的，这团由固体尘埃微粒组成的"原始星云"开始时十分稀薄，在万有引力的作用下，它们逐渐收缩成为一个个星球，中心部分形成了太阳，外面的质点在引力和斥力（主要由碰撞造成）的共同作用下，逐渐形成了围绕太阳转动的行星……在康德之后，法国著名数学家、天文学家拉普拉斯在不知前人工作的情况下（康德的著作因是匿名发表，又只印了几十本，当时知道的人很少），亦提出了大同小异的看法，只是他主张原始星云是气体组成的；而且他更多地从数学及力学上作了证明，因而一下风靡起来，后人即把二者合称为"康德－拉普拉斯学说"。

他们二人都批评了牛顿关于神干预了太阳系形成的观点，康德说："给我物质，我能造出宇宙来"；拉普拉斯则在回答拿破仑问他为何其著作中不见有上帝时宣布："我不需要这个假设。"这是何等的气概！

今天看来，这个古典学说并不能完满解决太阳系的形成问题，但它毕竟是人类第一次用科学的方法来研究天体的起源与演化，否定了自然界永不变化的陈腐观念。在太阳系的形成过程中根本不存在上帝的推动，形而上学的围堤被冲开了一个大缺口，科学也就健康地、迅猛地发展起来。

生命从何而来

人们常说，天体演化、物质结构及生命起源乃是自然科学中的三大基本理论问题。的确，奇妙无比的生命从何而来？地球在46亿年前形成时，绝不会有任何活的机体，那么地球是什么时候开始"活"起来的呢？这一直是引人入胜的科学之谜。

西方早有上帝创世之说，我国古代则有"女娲造人"的美丽神话。一些古籍还记有"白石化羊"、"腐草化萤"之类的故事；古印度书上也有粪便能变苍蝇、汗水可化甲虫的记录……公元前6世纪古希腊有位哲学家认为，太阳的热力使泥土起泡，泡一旦破裂，生命也就出现了，甚至亚里士多德对此说也深信不疑。

那么，地球上的生命究竟来自哪里呢？1950年，美国科学家卡尔文用两种普通无机物——水和二氧化碳作原料，竟然制造出了甲醛与甲酸两种有机物，实现了无机物向有机物的第一次飞跃。几年后，天体化学家尤里和他的研究生米勒进行了一次令世界轰动的著名实验：不停地用水蒸汽和电火花去轰击一种混合气体，它由3种无机物聚在一起：氨、甲烷和氢。几天之后，奇迹出现了，这个"米勒汤"中竟然出现了20多种有机物，有的还是相当复杂的分子，除了醋酸、乳酸、羟基乙酸外，还有11种氨基酸。

这个实验的意义在于：容器内原先的混合气体是模拟了太古时代地球上的大气，电火花相当于闪电，溶液就是大海……实验的结果表明，地球的原始海洋内，可以通过自然的途径孕育出原始生命来。

但是，也有科学家一开始就"放眼宇宙"。20世纪初，诺贝尔奖获得者、瑞典化学家阿仑尼乌斯提出了"孢子说"：地球上的生命发端于宇宙中的孢子，尽管宇宙空间是生命的绝对禁区：温度接近绝对零度，无从提供生命活动所需要的能量；缺少必要的水分，也会让生命难以维持生存；接近绝对真空的空间，很易破坏它们的机体；能量巨大的宇宙射线，则会将它们粉身碎骨。但无数的事实表明，生命又是极其顽强的，它们很会自我保护，孢子也会形成厚厚的包膜，让小生命蛰居其间。

这种有生命的孢子在恒星光的驱动下，在宇宙间到处飘荡，虽然宇宙间是空空荡荡，任何两个天体间都隔着难以想像的距离，但天文学上漫长的时间却又足以克服这空间障碍，任何时候，只要它一旦落到条件合适的星球上，它们便会"脱颖而出"，蓬勃地发展起来，地球生命的"老祖宗"，可能就是这种不起眼的小东西！

60 年代后，天文学上众多新发现层出不穷，尤其是星际有机分子的大量涌现、在许多陨石中发现了氨基酸（现知已多达 74 种，其中有 11 种还具有生化作用）、彗星中含有大量有机分子，这三个科学事实使得原先少有人问津的这种"天外起源说"得到了活力，于是它也就东山再起，逐渐兴旺起来。

在著名的哈雷彗星 80 年代回归时，世界各国天文学家进行了规模空前的联测，甚至还专门发射了好几艘宇宙飞船去实地探测，它们确认其间有众多的含碳有机分子，其丰度远远超出了过去人们的想像，其他彗星也莫不如此。这样，在漫长的几十亿年岁月里，无论是它们曾经撞着过地球，或者是它们用那长长的彗尾扫过地球，都有可能给本是一片荒漠的地球送来至关重要的有机物，让生命走上"米勒汤"那样的发展过程。

还有些英国科学家认为，20 世纪七八十年代世界上发生了全球性的流感，其起因很有可能就是彗星送来的"见面礼"；后来，甚至有人把最令人惧怕的"艾滋病"也算到了彗星的头上，认为是彗星在经过地球附近时，与地球的高层大气发生了某种复杂的化学作用，再通过雨水把这种病毒送到地面……

现代高科技又使人们能够在地球上的实验室内进行一些模拟实验，科学家们已经在接近宇宙空间的条件下，把一些由简单分子组成的水状混合物，变成为业已观测到的星际有机分子。陨石中的分子中更有大量的氨基酸，这一切都表明，即使在太空，生命的进化活动也不是不可能进行的。

当然，完全也有可能，生命起源的方式可能并不是只有一种。相信在未来的新世纪中，这一人人关注的千古之谜，水落石出之日不会太远了。

破除迷信的有力武器

尽管在一百多年前，法国大作家伏尔泰就曾深刻地指出："迷信乃是疯子遇到了骗子的结果。"可在现实世界中，封建迷信往往禁而不止，有时还相当猖獗。

古代许多国王、大臣，甚至名人，都有自己的专职星相家或星占家，相传在亚历山大东征中，曾经多次利用了星占士的帮助。13世纪时，名望很大的罗杰·培根以为，行星能够对人的品性产生影响，他热衷于探讨行星与基督教之间的关系，例如，因室女宫是归水星统辖的，故它与水星的偏心轨道之相似，就跟基督教的信仰有关……在当时，只要一涉及学术问题，就不会不与教会发生关联。正因为这样，所以后人才会说，在中世纪时，"哲学是神学的婢女"。

即使是到了20世纪，仍有不少人沉湎于此，当年法西斯头目希特勒的身边常伴随着一个星占家，这个不可一世的独裁者，平时总是那么目空一切，但对这个星占家却恭敬有加，还不时向他请教；在印度，星占一向十分流行，凡是建造水坝、架设桥梁，甚至翻修房屋，都必须听从占星的结果去安排；船厂里造好的船只，也要等到星占家占星完毕，确认没有问题之后才能下水，其他如商人签约、年青人的婚礼、外出长途旅行、民事纠纷起诉……无不都要征询星占家的高见。

　　甚至是在卫星已经上了天的今天，20 世纪 80 年代的意大利总统佩尔蒂尼，每天第一件事是在早上 7 点钟准时打开收音机，收听广播电台的星相占卜专栏节目，并作为他安排一天活动的参考。美国前总统里根同样也是时时要去征询一个老巫婆的意见……1997 年美国佐治亚大学有位历史学家指出，根据调查发现，教育再好，也不能摧毁人的信仰，1961 年勒巴的调查曾使人震惊，因为相信上帝的人竟达 40%！但当时多数人以为，随着教育的普及和提高，这种情况会很快得到改观。现在已经过了 36 年，这个比例却并无变化。甚至在美国科学界也是如此：相信上帝和来世的同样也有 40%，有 15% 的人是模棱两可，真正反对宗教的无神论者只有 45%——还不到一半！俄罗斯于 1998 年在全国 81 个地区调查了 24 万人，结果更发人深思：相信上帝的人竟占到 60%，十分虔诚者也有 23.8%，坚决反对的却只有16.3%。

　　中国科学院在 1999 年也进行了一次大规模的调查，结果同样令人吃惊：在我国城市中，相信算命的人比例竟高达 35.5%；曾经去算过命的比例是 49.3%；承认烧过香、拜过佛的人超过了半数。其中有 51.2% 的人还认为算命"有理"、风水"不可不信，不可全信"。在文化程度相对较高的城市尚且如此，农村中更是可想而知了。人们常可见到小学校舍破烂不堪、风雨飘摇，土地庙却富丽堂皇、车水马龙的怪现象。一些巫婆、神汉可以驱使村长、干部，对老百姓更是吆五喝六，为所欲为……

　　愚昧无法强国，迷信乃四化大敌，正如雨果所言："人类有个暴君，那就是愚昧。"反对封建迷信是一项任重道远的艰巨任务，它需要人们学习文化，用科学知识武装自己的头脑。而天文学无疑是一件有力的武器。

　　如果我们懂得太阳系是在 46 亿年前，由一团气体在万有引力的作用下逐渐形成的，太阳、行星、卫星（包括月亮）、小行星、彗星、流星等都是"同根同宗"，谁还会再去相信"上帝创世"的神话？谁还会再去对泥塑木雕的菩萨顶礼膜拜？如果我们了解到九大行星在太阳系中的运动状况，知道它们的运行周期，就不会对"几星联珠"、或者什么"大十字"之类的天象感到突然；当我们进一步知道，行星离我们那么遥远，它的潮汐作用加起来还不及月球潮汐的十万分之六时，那还会对诺查丹玛斯之类预言的"世界末日"惊慌失措吗？如果我们知道了"披头散发"的彗星也是太阳系的成员，也是在绕太阳旋转，早在 300 多年前，英国天文学家哈雷就作过预报，我们还会认为它是来去无踪的吗？如果继而还清楚彗星的质量小得可怜，骇人的彗尾如果可以压缩，甚至可以把它揿入一只箱子里，一个大男人就可以把它提走，你还会害怕彗尾中有剧毒物质，它一旦扫过地球就要玉石俱焚吗？如真有这种危险，那世界早被汽车的尾气（这比彗尾气体多得多）毁灭了千百次了。如若我们又知道，陨星或流星绝大多数只是微不足道的碎石、冰块，甚至只是尘埃时，只是因为落进了大气，与大气剧烈摩擦后才发出光后，当然也就不会再有人相信"天上一颗星，地上一个丁"之类的民谚了。

高科技前沿中的天文学

古老的天文学在过去的科学发展中立下了汗马功劳，也确实是人们须臾不可或缺的重要工具。然而，在科学技术突飞猛进的今天，古老的天文学却又焕发出青春的活力，活跃在科学的最前沿。不说别的，只要看一下世界一些经济强国，都不惜斥巨资，竞相兴建、制造超级大望远镜，并把各类探测器不断送入太空，就足以让人感到天文学的巨大魅力不减当年了。

实际情况也确实如此，由于人们突破了地球大气的羁绊，进入了"全波天文学"的时代，新的发现层出不穷，由此产生了许多以往不可思议的新的概念、新的理论，所得到的新的资料和新的结论，大大超过了过去几千年的总和。尤其是人造卫星上天、宇宙飞船出访其他天体所带来的观念更新，其速度之快、改变之大、范围之广、影响之深，都远远超过了人们的想像。可以这样说，20世纪50年代之前的所有天文学的著作，都必须重新改写——这在其他学科中恐怕是不多见的。

第一节　广义相对论的天文验证

光线真的拐了弯

世界上运动速度最快的是光。它每一秒钟可穿越大约30万千米的距离，如果它懂得拐弯，就可在赤道上绕上七圈半。当然谁都知道，这个"如果"是不能成立的，如果光线真能拐弯，那么，我们再也找不到隐蔽之处，大树背后、墙头拐角、土墩之下，人人都能一目了然，整个世界都是一览无遗看到了底，岂非反让人扫兴之极。

然而，有些科学家经常会对那些常识作深层次的思索，并从中得到非同寻常的结论。德国犹太科学家爱因斯坦就是这样，从他的"相对论"出发，他在20世纪头一个十年中就做出预言，由于太阳的巨大引力，当恒星的光在其附近经过时，就会被太阳的引力所弯曲。他最初计算的结果是弯过的角度为0.84″。这是一个非常小的微角——相当于把一枚1元硬币放在离人6.14千米远的地方所见的张角。加上有太阳时正是白天，根本见不到任何星星，所以，当他询问美国天文学家海耳，除了日全食外，还有没有其他方法也可测量这种光线的偏转时，得到的回答是十分干脆的："不行！"

即使是日全食时，难度也非同小可，因为，日全食是在白天，所见的恒星在当夜根本不会露面，差不多要相隔半年之后才能再度相逢，这要求在半年之中，两次观测的条件应保持完全一致，这样拍下的照片才有意义。

但兹事体大，跃跃欲试的科学家还是很多，1914年，俄国有次日全食的机会，德国就组织了一支队伍，哪里知道，不久就爆发了第一次世界大战，于是，这些德国天文学家便倒了大霉，还没到目的地，就被俄国人当做间谍关了起来。

1916年，爱因斯坦对原来的计算作了修正，把光线的偏转角改正为1.75″——比原先的值大了1倍多，这是相当关键的改动。在20世纪初，人们测量角度的误差就在1″左右，显而易见，旧值即使勉强测出，也不太可靠；修正值却是在可测范围之内。所以，现在天文学家个个信心百倍。

根据预报，1919年的机会很好，日食的范围从南美一直延伸到非洲。英国天文学家爱丁顿事先做好了充分的准备，到时派出了两支精锐的观测队，他们在 5 月 29 日发生日食之前就早早抵达观测场地，因此，二队都取得了极大的成功。经过一年多的严格归算，终于得到了令人满意的结果：1.64″！那些日子里，爱因斯坦的广义相对论、爱丁顿的日食观测，几乎成了世界上最时髦的话题。在九月底，观测结果尚未公布时，洛伦兹抢先第一个打电报祝贺爱因斯坦："爱丁顿在太阳边缘发现了恒星的位移"。而他又是一个至死不能理解相对论、但同时又非常赞赏爱因斯坦的大物理学家。

后来又有多次观测，都得到了很好的结果（表 4－1）。广义相对论是一门非常深奥难懂的科学，因为它与人们的许多日常观念大相径庭，而它又只是在大尺度范围才适用，地球上的任何实验室，甚至把整个地球当做实验室都无济于事。只有研究宇宙的天文学，才能来检验它。事实上，的确也只有天文学帮了它，在 20 世纪 60 年代之前，广义相对论只有天文学上的三大验证，光线经过太阳后弯曲即是其一；随着科学的不断发展，有关的实验验证也在增多，但新证仍然离不开天文学，正是有了天文学的这种大力支持，广义相对论才能在科学上立足，成为人们研究宇宙的有力武器。

表 4－1　几次日全食检验光线偏转结果

日食时间	日食地点	观测者（国籍）	测量结果（角秒）
1919．5．29．	南非、美洲	爱丁顿（英）	1．64
1922．9.21．	澳大利亚	特南普勒（美）	1．78
1929．5．9．	菲律宾、印尼	弗拉德利希（德）	2．24
1936．6．19．	西伯利亚	米哈依诺夫（苏）	2．71
1947．5．20．	南美、非洲	比斯布鲁克（美）	2．01
1952．2．25．	阿拉伯半岛	比斯布鲁克（美）	1．70

离奇惊人的结论

1862 年美国克拉克父子用他们刚制成的大望远镜（镜头直径为 47 厘米）观测时，发现了天狼星旁的那颗神秘的伴星——天狼 B，从而证实了 18 年前贝塞耳的预言。天狼 B 的亮度只是 8 等，人类的肉眼在最好的条件下，至多也只能见到比此亮 6 倍的 6 等星。

老问题解决了，可又有新的矛盾冒了出来：根据科学家计算，天狼 B 的半径只比地球大不了多少，质量却与太阳相近，这就意味着它的密度大得出奇：175000 吨/米³！即使是一个"粉笔头"，大力士也拿不动。世界上哪会有这样的东西？别说一般人难以接受，就连一些科学家也是狐疑不已。当时美国物理学家迈克耳逊（1907 年诺贝尔奖获得者），在听说此事后，曾专门打电话到威尔逊天文台，问他的朋友安德森："爱丁顿的恒星理论究竟是怎么回事？"当他听见朋友解释"物质可以凝聚到密度比水大 3 万倍"时，他立即打断回答："你是说，比铅的密度还要大吗？如是这样，那一定是这个理论在什么地方出了毛病。"

后来，人们又陆续发现了许多这样的高密星，便归类称之为白矮星。后来知道，白矮星的实际密度比迈克耳逊当时不能理解的还要大得多，一般可达 $10^8 \sim 10^{10}$ 千克/米³，即使以下限计，白矮星的一滴"水"也要有 4 千克重；倘若按大的算，那还要重 100 倍！为什么白矮星这么"结实"？它们还有什么特殊的性质？它们又是从什么天体变化而来的？后来，人们才逐渐明白，原来白矮星实际上是原先正常恒星最内部的核，待恒星抛却外壳后，白矮星就会出现于太空中。

由此可见，白矮星乃是恒星到了晚年后的一种归宿。由于这原是恒星的内核，其表面的温度一定很高，如天狼 B 就达 29500 度，这比太阳温度高 4 倍，倘太阳也这么厉害，地球也就要遭了大殃了：表面的温度将升到 150 度以上，恐怕不会有什么生命能幸存了。

白矮星的半径很小，质量却与太阳相当，这样它表面上的引力也就极其惊人了——将是太阳重力的19000多倍，在地球上一只3毫克重的小蚂蚁，如到了天狼B上，它将超过1.5千克，比一只普通的猫还重。正因如此，它就能为验证爱因斯坦的广义相对论出力了，如前所述，任何要离开天体表面的物体，都必须有足够大的速度，也就是要消耗一定的能量，白矮星上的巨大重力，会让它发出的光也要先花费一些"力气"（失去一些能量）才可发射出去，于是它的光谱中的谱线就要同步向红端方向移动（波长变长）。1935年，美国天文学家亚当斯用了当时世界上最大的望远镜（胡克望远镜，口径达2.5米），终于拍摄到了天狼B的光谱照片，通过仔细的测量，证明的确如此，而且实际测出的红移值，与爱因斯坦广义相对论所预言的理论值非常接近，所以这也成为广义相对论的第二个天文验证。

白矮星还有让人惊讶之处。研究表明，白矮星与一般的恒星不一样，它们好像是工厂中生产出来的标准钢球，所有质量一样的白矮星，它们的大小一模一样；反过来，半径相同的白矮星，其质量不会有高低。

还有好戏还在后头，白矮星与那些工厂中的钢球又大不相同，钢球通常总是越大越重，越小越轻，可是白矮星正好是反其道而行之：白矮星的质量（和密度）越大，它的半径反而越小，所以它们的质量有一个极限：1.44太阳质量。因按半径变小的规律，超过此值时，白矮星的半径已经变为零！这就是著名的"昌德拉塞卡极限"，昌德拉塞卡乃是一位印度裔美籍天文学家，在深入研究恒星的内部结构与演化时，于1935年得到了这个离奇而有趣的结论。而他所做的这一切，使他也荣幸地登上了科学的颠峰——于1983年与另一位美国天文学家分享了该年度的诺贝尔物理奖。

"武耳坎"之死

以发现海王星扬名天下的勒威耶后来成了巴黎天文台的台长，他坚信，太阳系内可能还会有未知行星有待人们去发现。这次他把目光内移，注意起水星以内的区域，果不其然，通过长期的观测，他的确发现水星与当年的天王星一样，在轨道上并不安分，它的轨道本身在不断变动：每转过一圈，整个轨道就向东挪过一点点——人称"水星近日点进动"。

这个进动极小，一百年加起来也只有 $1°33'20''$，其中绝大部分是可以找出原因的：金星和地球对它的吸引占了 99% 以上，但是扣去了这些影响后，还有 $43''$ 找不到着落。我们知道，在 100 年间，水星差不多绕太阳转了 400 多圈，故平均下来，它每绕转一圈只向东偏过了 $0.1''$，这个角度只相当于看 56 千米外一张普通邮票。

观测水星本来就不是一件容易的事，太阳光是那么刺眼，水星总是那么靠近太阳，进动是那么微不足道，勒威耶居然还能测量出来，真让人心悦诚服。现在"万事俱备，"好像"只欠东风"了，所以勒威耶已经早早为它准备好了大名"武耳坎"——希腊神话中火神赫维斯托斯的罗马名，我们不妨译为"火神星"。

为了及早把这个"火神"请到台前来，勒威耶真是废寝忘食，茶饭不香，可几年下来仍是渺无影踪。中间似乎也有过好几次机会，他甚至作过若干次"预报"，例如他曾信心十足地向世界宣告：1877 年 3 月 22 日，"武耳坎"将凌日（在太阳圆面上通过，从地球上看来，日面上有一个小黑点在慢慢移动），可惜的是，那一天世界上没有一个人见到它的情影。

勒威耶虽然屡战屡败，可始终不渝地坚信他的"武耳坎"，一直到他 1877 年临终时，他还念念不忘，要他的同事和下属务必要继续努力下去……

其实，世界各国天文学家从来没有放弃过，几乎每有日全食的机会，他们就会在太阳附近去搜索这个天体。因为在日全食时，一轮红日被月亮挡住，暂时的黑夜机会当然是寻找这"水内行星"的最好时光。而且类似的"好消息"也曾不止一次传来，遗憾的是，没有一次经得起复审。1973年6月30日，有二位比利时天文学家在非洲肯尼亚观测了一次日全食，在他们拍摄的一些照片上，可见到在太阳旁的确有一颗比水星还亮的星星，他们迫不及待地把它叫做"多辛－赫克天体"（这正是这二人的姓氏）。

好消息很快传遍全球，不少报纸也作了广泛的报导，但奇怪的是，同在非洲、也参加了那次日全食观测的其他天文学家，却都持否定的态度，原因很简单：他们的底片上并没有这样的星体。后来经过仔细鉴定才发现，使那两个比利时人空欢喜一场的，原来是照相底片上的庇瑕。

其实，爱因斯坦早在他的广义相对论中就对此作了阐述。因为太阳的巨大质量，使得太阳周围的空间发生了弯曲，在这样的非平直空间内，水星的轨道必然会发生进动，他还推导出了计算的公式，从中推导出水星的进动值为：$0.10339''$/圈。由此不难算出，百年的偏转值为$42.91''$，与观测到的$43''$完全一致！

爱因斯坦的研究结论，无疑等于宣判了"武耳坎"的死刑，但是广义相对论又一次得到了验证，这三大天文验证也是科学史上脍炙人口的佳话。

宇宙中的大透镜

进入了70年代之后，天文学又为广义相对论立下了新功。1979年3月，美国有三位天文学家，在太空的同一天区（大熊星座），同时发现了一个十分有趣的天文现象：在相隔只有$6''$的距离上，竟然聚有两个奇特的"类星体"（详见下一节）：Q0957＋561A、Q0957＋561B。无论是大小、亮度、远近，它们都是如出一辙，甚至连光谱也完全相同。世界上竟然有这样毫无二致的天体组成"双类星体",叫人实在难以想像。因如按它们的正常分布来说,平均要60平方度的范围才会有这种"双类星体"。

　　天文学家不禁又想到了广义相对论,莫非这也是光线弯曲造成的"海市蜃楼"式的幻景?人们进一步的研究表明,事实果然如此。原来,就在它们与地球之间,正巧有一个巨大的星系(像银河系那样的恒星集团),或许是更大的星系团横亘其间。星系或星系团常有多少亿恒星集中在一起,其质量是太阳的多少亿倍,所以会使后面那个类星体的光变成了两束,于是,太空中出现了两个看起来一模一样的A、B双类星体(图4-1)。

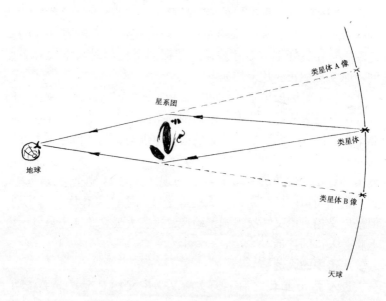

图4-1　星系或星系团造成了"引力透镜",使人见到了A、B两镜像

　　在类星体前面的那个星系或星系团,就好像是起了一个凸透镜的作用,所以人们称其为"引力透镜"。1980年5月,天文学

家发现了第二个引力透镜：PG1115＋08A、B、C。到1984年时，天上的这种奇特的引力透镜，已经达到了35个之多，由此可见，这也是宇宙间的一种普遍现象。

实际上，我们说"光线弯曲"，只是一种通俗的、形象的说法，本身并不科学。从广义相对论说来，乃是因为时（间）空（间）起了变化的必然结果。通常我们总以为，我们是生活在一个平直的三维空间之中，无论是上下、左右、前后，都可以一直一直向两面延伸，永远没有尽头。牛顿当年所建立的科学体系也是以此作基础的。他认为，宇宙是一只无限大的"大箱子"，各类天体就在这个箱子内；但即使其中一个天体也没有，或者装进其他别的什么样物质，也不管在里面装有多少东西，箱子总还是箱子，与原先的箱子不会有什么区别。然而广义相对论却说：错了，那只是一种粗略的近似。事实上，箱子内有无物质是完全不一样的。或许，一只什么物质也没有的空箱子，真是如牛顿描述的那样（严格讲来，没有了物质，空间也就无法存在），但只要箱子内有一点东西，它就不会再是平直的了。质量越大，弯曲得也越厉害。在这弯曲的空间，直直的光也就随之而弯曲了——就像球面上两点间最短的联线不是直线是弧线一样。

现在天文学家不仅确证了众多的引力透镜，也找到了起透镜作用的那些天体，它们大多是星系，也有一些是更大的星系团。有趣的是，在20世纪80年代中期，天文学家又找到了一种"微型引力透镜"。1984年9月，人们发现，在飞马座的方向上，一个编号为Q2237＋0305的类星体，竟然只是因前面有一颗恒星而变成了3个像：A、B、C。到1994年不过十年时间，这种微型引力透镜已找到了19个。因它们还能让天文学家顺便研究宇宙中的暗物质，故微型引力透镜又成了天文学家的一颗掌上明珠。

引力透镜已经得到了实验室内的证实，美国科学家曾用有机玻璃做了一块直径15厘米、焦距14厘米的凸透镜，进行了多种模拟，得到了满意的结果。

情理之中的大奖

爱因斯坦的广义相对论真是"语不惊人死不休"，除了光速不变；当速度接近光速时，时间会变慢，距离要缩短，质量将变大；时空还与物质相关，质量与能量可相互转化……除此之外，他还提出，宇宙间还存在着一种奇妙的"引力波"。

我们知道，带电物体在作加速运动时，都会发出电磁波（可见光是电磁波的一种）来。爱因斯坦则认为，与此类比，任何物质只要它有质量（这也是必然的），当它在作加速运动时，也必然会发出引力波。遗憾的是，虽然爱因斯坦早在 1918 年就做出了这种科学预言，可因这种引力波实在太小了，即使像整个地球那样大的物体，所能发出的引力波也是微乎其微的，目前任何仪器都没有办法测出来。当然，当物质的质量足够大时，引力波就可以为人们所"见"了。正因为长期以来谁也没能与它打过交道，所以这个问题也使科学家们困惑了足足半个多世纪。

毋庸多言，这又非天文学莫属了。只有天文学，只有浩瀚的宇宙，只有巨大的天体，才能提供检测引力波所需的巨大的质量和与此关联的广阔空间。经过仔细选择，天文学家一致认为，最好的对象是一种"脉冲双星"。

所谓脉冲双星，也是成双作对的双星中的一种。众所周知，恒星似乎与人一样，喜欢合群，宇宙中真正的"孤家寡人"并不多，估计大约只有 1/3 左右，最多不会多于 1/2，所以在宇宙中就有许多双星，双星中的两颗恒星（称子星）始终形影不离，互相绕转不已。如果双星中至少有一颗子星是"脉冲星"（见下节），那它便可作科学家们的实验样品。

现在知道，脉冲星与白矮星一样，也是恒星演化到晚年后的致密星之一种，但它比白矮星的质量更大、半径更小、密度更密、磁场更强、自转更快。可想而知，脉冲星的引力一定也比白矮星更强，在其表面上，逃逸速度竟然大到 200000 千米/秒——光速的 2/3（与此相比，地球上只有 11.2 千米/秒）！

1974 年，美国天文学家泰勒和他的研究生赫尔斯，首次发现了世上第一对脉冲双星 PSR1913 + 16。这是一对极其罕见的脉冲双星，它的两颗子星都是脉冲星，彼此间的距离又相当近，只有 200 万千米，只相当于月地距离的 5 倍多一些，在天文学家眼里，这简直是近在咫尺，太近了，而绕转运动本身又正是一种加速运动，所以用它来检测引力波真是再理想不过了。

为此泰勒他们付出了多年的心血，他们使用了直径达 305 米、世上最大的射电望远镜，进行了整整 4 年的仔细观测，以后又分析、计算、讨论了很长时间，终于得到了这两颗星的精确轨道，它们的绕转周期为 0.322997462 日，由于在发出引力波时要消耗能量，所以它们的轨道半径会逐渐变小，实测的变化率为 2.422×10^{-12}，这意味着每过一年，它互相绕一圈的时间将要增长 0.0000764 秒。这个来之不易的数字又与爱因斯坦理论所预言的值恰恰吻合。消息传出，世界一片欢呼，广义相对论又一次得到了证实。

1990 年，天文学家又找到了第二个较为理相想的"样品"——PSR1534 + 12，这对脉冲双星也是都由脉冲星构成的，两个子星的质量大致相等，均为太阳质量的 1.4 倍，彼此的绕转周期稍长，为 0.42 日，许多条件与前者大体相近，无疑又是一个天赐良机，后来也的确得到了同样的结论。现在这类脉冲双星已有了 100 多对，它们都提供了有力的"证词"。

泰勒与赫尔斯的辛勤劳动终于有了回报，1993 年，二人双双荣获了当年的诺贝尔物理奖。泰勒与赫尔斯都相当谦逊，一个说当消息传来时，感到"令人惊讶、目瞪口呆"，另一个讲"出乎意料，真像是喜从天降"。

第二节　四大发现世界惊

"小绿人"的呼叫?

1974 年,英国二位天文学家休伊什和赖尔分享了 55 万瑞典克郎的诺贝尔物理奖。前者获奖的原因是他发现了一种闻所未闻的新天体——脉冲星,而脉冲星也是著名的 60 年代四大天文发现之一。

真是说来话长。1967 年夏,休伊什的研究生贝尔小姐利用一架刚建成不久的新型射电望远镜作了大量的观测工作,10 月间,她在分析这些记录在磁带上的资料时发现,其中有一个神奇的"电台"——射电源,它正不间断地发出很有规律性的无线电脉冲,其波长是 3.7 米,周期为 1.33730109 秒。她还测出,这个神秘的信号始终位于天上的狐狸座内,所以它不可能在我们太阳系内。那是什么在向我们呼叫呢?

休伊什听完 24 岁的贝尔汇报后也陷入了沉思。最初他甚至想到了"宇宙人",正巧那时他刚读到一本科幻小说:在宇宙深处某个星球上,有一种高度发达的智慧生命,它们的大脑特别发达,可以用自己绿色的身体直接利用星光进行光合作用,所以不必为食物担忧,那个星球上的强大的引力,使它们的躯体无法长高,长期缺少体力劳动,则让它们的四肢也退化了,一个个都成了"小绿人"(Little Green Man),于是他把该射电源缩写为"LGM – 1"——以为这是它们发来的"密电码"。

正当休伊什满怀希望寻找那些"小绿人"时,贝尔小姐的发现却纷至沓来,当时至少已有 4 个。于是"小绿人"之说也就不攻自破了,哪里会有这么多的"小绿人"?而且它们不约而同地在同样的时间、用相同的无线电频率向我们呼叫不止?显而易见,这是一种前所未闻的新型天体——射电脉冲星,简称为脉冲星，记作：PSR1919＋21（英文缩写后面的数字表示其座标位置，前者为经度，后者是纬度。下面的类星体也大抵如此）。

休伊什发现脉冲星的消息不胫而走，人们争相观测，到1968年时，脉冲星的队伍已经有了23个成员，现在则已接近千颗左右。脉冲星的周期绝大多数在0.03～4.3秒间，而且极其稳定，足以与最好的原子钟相媲美，有的脉冲星的周期在1亿年后才改变0.4秒，真让人匪夷所思。

脉冲星是什么样的天体呢？天文学家想得很多，但通过分析都一一排除了，这儿真用得着神探福尔摩斯的一句话："当你把不可能的情形统统排除之后，剩下的必定就是实情了——不管它看起来是多么的难以置信。"

经过长期探索，人们在逐步排除了各种"不可能"之后，终于肯定，脉冲星原来就是30年代就有人预言过的"中子星"——高速旋转着的中子星。据研究，除了厚约1千米的由铁组成的外壳外，它的内部，别说分子，就是原子也被巨大的引力所压碎，带负电荷的电子与带正电荷的质子结合成为不带电的中子。紧密挤在一起的、清一色由中子组成的中子星非同小可：它的半径只是白矮星的千分之几，典型的中子星半径大约为10千米左右；但因其质量比白矮星还大（它的质量范围是太阳质量的1.44～2.5倍），由此可知，其密度更为骇人：1米^{3}的物质将重达10^6～10^{15}吨！

脉冲星也是超新星爆发后的剩余物，正是这巨大的爆炸，才能产生压垮原子的神力。它的脉冲周期正是其自转的周期，理论上也可证明，脉冲星上有极强的磁场，表面上的磁场达10^8特以上。与此相比，我们地球表面的磁场只有十万分之几特，二者相差10万亿倍！

绝大多数的脉冲星只发出看不见的无线电波，所以一般的光学望远镜对它真是无可奈何。但是，在蟹状星云内的那颗大名鼎鼎的 PSR0531 + 21,却是罕见的"极品",它在各个波段(从波长最长的射电到最短的 γ 射线)都有辐射发出,所以是迄今惟一可用光学望远镜见到的脉冲星(相当于 18 等),因人们习惯于"眼见为实",它让人倍感亲切。在近千颗脉冲星中,它的脉冲周期是最短的:0.033 秒;更重要的是,它也是证实脉冲星与超新星有"血缘"关系的第一个观测实例,蟹状星云正是超新星爆炸后留下的遗迹,从而完善了恒星演化的理论。这种种一切,使它当之无愧地受到了世界各国天文学家的一致青睐。

脉冲星与白矮星都是没有能量来源的垂死恒星,白矮星就像不再添加燃料的火炉,随着时间的推移,它们慢慢冷却下来:白矮星变成黄矮星、橙矮星、红矮星……最后成为熄灭不再发光的黑矮星;而脉冲星本来就无光可发,它只能消耗转动的能量,于是周期就渐渐变长——用这样的方法,天文学家也可以来计算它们的年龄,估计它们的寿命。

人们认为,休伊什得奖完全撇开了贝尔小姐有失公允,很多人都为她抱不平,与泰勒、赫尔斯相比,其间的反差更加醒目。泰勒在 1977 年出版的一本专著中专门写上了这样一段:"献给乔斯琳·贝尔,没有她的聪明和百折不挠,我们就享受不到研究脉冲星的幸运。"

不解之谜——类星体

在 20 世纪 60 年代,射电天文学因其获得了四大发现——星际分子、类星体、3 开微波背景辐射及脉冲星——而崭露头角。这些伟大的发现深刻地改变了天文学的进程,甚至也改变了人类对宇宙的认识,因而,它们大多先后得到了科学界的最高荣誉。

只有类星体,虽然也是这四大发现之一,可它至今还未能问鼎。原因很简单:它还没有肯向人类吐露出它的奥秘。也正因为如此,类星体是当今最富有魅力的、最有趣味的新型天体之一:它们的照片如恒星又不是恒星;光谱像星云又不是星云;外形似星团又不是星团；射电如星系又不是星系，真是宇宙中的"四不像"。在 20 世纪 60 年代初，天文学家对它们一筹莫展，直到 1963 年正好有一次月掩星（月面正好挡住其后的恒星）机会，荷兰天文学家冯·施米特证认出，那个 3C273 正好与一个亮 13 等的天体相对应，更令人高兴的是，他终于识破了其光谱中的奥秘，认出了其中几条谱线。原来，它们都不是什么新的未知元素，而是最最普通的氢、氧、氮、镁等"大路货"，以前人们所以见面不相识，完全是因为它们出现在不该出现的地方，位置搬了家，才让人稀里糊涂地失之交臂。

为什么它们会变更自己的"住址"？为什么所有谱线都向红端移过了一大段距离（称为"红移"）？最顺理成章的解释就是它正在以巨大的速度离开我们——正如从身旁疾驶而去的列车，汽笛声的音调会骤然变低（声音的波长变长）一样。天文学家早在 19 世纪时，就利用恒星光谱中谱线的这种"多普勒位移"，测出了数以十万计的恒星的视向速度。但人们发现，类星体与恒星的谱线位移至少有两点不同：一是大小相差悬殊，类星体的位移大几十甚至几百倍；二是恒星的位移既有红移也有蓝移，这表明离开我们而去的恒星与向我们而来的恒星大致一样多。可类星体却几乎是无一例外，都是巨大的红移，按照有关公式计算，其远离的速度有时竟可接近光速！

在现知的 4000 多个类星体中，大多类星体的红移竟超过了 1，现在，天文学家甚至已发现了红移大于 6 的例子——而只要它达到 0.12，就会使绿光红移成为红光！

巨大的红移是类星体最大的不解之谜。如果按照哈勃定律，红移与距离紧密相联，那无疑，类星体是处于宇宙边陲的天体。可随之而来的就难以解释它的能量问题了，如此遥远的天体尚且有那么强的辐射，就说明它们比一般星系的总能量还强几十到几万倍，可它们的大小只有太阳系那么小，直径比星系至少小百万倍！科学家还想不出，这个世界上有什么东西，会有这样高的发光效率（以致有人把它说成是"只出不进"的"白洞"）。不仅如此，如果它们真在宇宙的边陲，那么，它们内部就有"超光速"运动（见第四节）。

但是，如若认为类星体的红移不是速度引起的，另有其他原因，那就必须要举出充分的理由，并找出这个原因来。不少科学家为此耗费了大量心血，也提出过一些理论或假设，可无一不是顾此失彼，甚至引起更大的麻烦，因而无法得到人们的公认。

对于类星体的本质，目前仍是众说纷纭，莫衷一是，天文学家提出过各式各样的模式，有的认为它的内部有极其致密的星团；有的主张其中有着大黑洞（见第四节）……

"哈勃太空望远镜"于 1994 年上天后，得到了许多新的资料，美国天文学家巴考由此认为，很多类星体都位于某些特殊星系的中心区域，而正在发生碰撞的星系中，它的比例也很高，从这其间或许可以悟出些什么来……

类星体的挑战是严峻的，但是，从整个科学发展史来看，重大的突破往往就是出现在解开这种疑难之后。人们相信，彻底揭开类星体之谜，人类将会迎来一场深刻的科学大革命，摘取诺贝尔奖是不在话下的事。

太空余热——微波背景辐射

在科学发展史上，常常会有"有心栽花花不发，无意植柳柳成荫"的情形，四大天文发现之第三项就颇有这样的韵味。

那是在 1965 年，美国贝尔电话实验室有两个科学家彭齐亚斯和威尔逊，他们一直在专心从事解决微波通讯中的噪音问题，为此，他们孜孜不倦地观测不已。就在这一年，他们把一些观测的结果整理成一篇论文：《在 4080 兆赫上额外天线温度的测量》并在《天体物理杂志》上发表了出来。其实，此文内容与天文学、宇宙论并无瓜葛，全文也很短，不过区区 300 来字的样子，当时他们自己也没有放在心上。

可真是"山不在高"、"水不在深",论文的价值并不在长短,其结论却是字字成金:在波长7.35厘米处,天空背景的射电辐射比理论上略高一些——相当于温度高了2.5~4.5度而已。千万别以为这几度算得了什么,可在天文界却如巨石击水,掀起了轩然大波。

原来,当时天文学家正为"大爆炸"学说找不到观测依据而发愁,这篇论文犹如一声惊天动地的春雷,让世人为之一震。

还在本世20年代,美国天文学家哈勃得到了惊人的发现:所有的星系都在远离我们而去,而且星系越远,离开的速度越大,这意味着,我们所处的宇宙在膨胀着!既然现在还在膨胀,那么,如若我们逆着时间的箭头向"过去"一直追溯下去,势必在某一时刻,宇宙的体积只是很小很小的一个点,甚至为零!在30年代时,比利时的勒梅特、俄裔美籍的伽莫夫等人,先后都提出了类似的"宇宙蛋"的假设:认为宇宙最早起源于一个温度极高、密度极大的"原始火球"(或称"宇宙蛋"),后来这个"火球"发生了惊天动地的大爆炸,爆炸时,那些基本粒子便形成了氢和氦……

经过不断改进,"大爆炸"理论已经把"火球"改为是一个"奇点":它的"温度"和"密度"几乎都是无穷大。在大约120~150亿年(此数还可能会有变化)前,因至今不明的原因,它发生了一次绝无仅有的大爆炸,宇宙从此诞生,并一直膨胀到今天。"奇点"中的高温(在一万亿度以上),使其内部不可能存在任何具体的物质,只是由基本粒子(如电子、质子、中子、光子、中微子等等)构成的、混沌难分的"糊"或"汤"。爆炸之后,温度急剧下降——在大约1秒钟后就会降到100亿度左右,这时内部出现了一些最简单的原子核即氢核,宇宙中的质子和中子之比例也大致固定为7比1,到第3分钟时,宇宙中的温度已降为 10 亿度，此时开始出现重氢和氦，启动了元素的演化进程……按此演变到今天，宇宙中的温度应为 2．7 开氏度（相当于零下 270 摄氏度左右）——这正巧在这二人所测定的范围之内！换言之，他们的这篇论文为这个大爆炸学说提供了最好的观测依据，因而他们的获奖也是理所当然的事了。

必须说明的是，大爆炸不能简单地理解为如炸弹爆发那样的一次爆炸，以为所不同的只是规模大上多少万亿倍而已。实际上这二者几乎没有什么共同之处，大爆炸并不是炸弹的弹片（星系）向四面八方飞散开来，而是物质连同空间、时间一起，本身在急剧膨胀开来，时间也从此开始，空间从此急剧扩大。或者说，原先的那个"奇点"并不是如芝麻、绿豆或原子那样的一个小东西，而是一个没有边界的、具有极高的密度与极高的温度的"奇点"，今天世界上一切的一切，都萌生于它。而它的"外面"，并不存在空间，也没有时间，甚至连物质与能量都说不上，或者说，"奇点"之外是"四大皆空"，故实际上并不存在"外面"。所以要追究宇宙之外、爆炸之前的情景，在科学上是毫无意义的。

太空怪物：SS433

20 世纪 70 年代末，天文学家又有了新的发现：在浩瀚无际的宇宙中，有一个既在接近太阳、又在离开太阳，同时还与太阳距离保持不变的怪物——SS433。

SS 原是 60 年代两个天文学家所编纂的一个星表名（他们二人的姓氏开首字母都为 S），433 即是该天体在那个星表中的编号，而当时它只是一个默默无闻的无名之辈，因为它只是一颗亮度只有 17.5 等的暗星，在牛郎星的附近，根本引不起人们的任何兴趣。

1974 年，一颗人造卫星在偶然间发现，这个"暗星"竟然会发出相当强的 X 射线，而且其强度还有大起大落的剧变，接着又有人发现，它的射电辐射同样也在不断地变化，这就让人开始对它刮目相看。不久，天文学家进一步证实，它正与一个超新星遗迹 W50 的位置相吻，这更让人肃然起敬了。谁不知道，超新星是天文学家的红客，它的巨大能量、它的爆发机制，无不叫人心往神驰，于是门庭冷落的它一下热闹起来。1978 年天文学家仔细研究了它的光谱，得到了令人惊讶不已的结果，原来的那些最普通的谱线都出现了奇怪的"分化"——同时出现在 3 个不同的地方：一条在原来的位置上；一条向红端移动；一条又向着蓝端移过去一些。

按经典的观点，有红移的天体表示它们正在离开我们，有蓝移的星体则是在朝我们而来，从移动了多少还可得到它们的空间运动的速度值。但如对 SS433 也这样生搬硬套就矛盾百出了，因为三条谱线怎么也无法协调起来，你总无法说 SS433 既在向太阳驶来，又在远离太阳而去，而且它与太阳的距离始终没有变化。更何况它的红移和蓝移都非同小可，红移表示其离开我们的速度为 50000 千米/秒；蓝移的速度也不小：30000 千米/秒。二者分别是光速的 1/6 和 1/10。如若一个天体真是这样，则其半径在 1 秒钟内就会增大 80000 千米，即使原先只有地球那么大，但在 8 秒钟后，也就会变得大如太阳了！如若我们的太阳也这样疯狂，那不消一天时间，它就会膨胀到 69 亿千米——比太阳到冥王星的距离还远，这可能吗？

SS433 这样奇异的禀性，使天文学家要去追溯它的历史，于是，人们发现，在 20 世纪 20 年代时，它的亮度并不变化，从其距离也不难算出，它发出的能量与我们的太阳差不多，但自 1929 年后，它的光度就开始出现了明显的变化，光度的变幅为 0.3 星等（相当于变化 31%），变化的周期为 161.7 天，而且它变化之后并不复原，而是慢慢增亮。到 70 年代时，已比 50 年前增亮了 4 个星等——光强增大了 40 倍。50 年对于一个人来说，或许会觉得很长，但对天体而言，简直真是一刹那的事，所以40倍实在非同一般，让人百思不得其解。

再说，SS433 的光谱线的"三重位移"本身又在不断变化着，有时两者同时变大一些；有时又一起稍稍变小一点，这种变化似乎也有周期性，但周期又并不固定，大致在 160～168 天间……这一切，都成了一时不解之谜。

SS433 究属何物？也是众说纷纭，莫衷一是。如有人认为，它可能不是恒星而是如类星体那样的天体，但是，它的距离又是那么近，只有 11000 光年——显而易见，SS433 是我们银河系中的天体，不可能与类星体挂钩。后来又有人主张，它同时在向两个相反的方向喷射出高速气流，谱线的位移是气流的速度造成的，再加上它还在自转，于是就出现了那些奇异的特性……还有人说，它可能是一对双星；甚至有人请出了"黑洞"来帮忙。可是这种种假设都难以自圆其说，SS433 至今依然是一个不解之谜。

1980 年天文学家发现了第二个此类天体，其代号为 G109.1-1.0，它位于仙后座之内，同样具有那些特点。由此可见，SS433 或许又是一种新型的天体，它也是 70 年代天文学上的又一重大的大发现，它的种种不解之谜也正激励着人们向科学进军。

第三节　追捕中微子

中微子失踪案的由来

广义相对论解开了太阳和恒星的能源之谜，的确可称得上是科学界的一件大事，天文学上的三大验证更是让人们坚信不疑。科学家们相信，太阳内部的热核反应同样一定会又一次做出令人信服的新的证明。

根据核物理学的有关定律，这种氢聚变为氦的核反应，必然同时会有大量的正电子和中微子生成出来。前者是带有正电荷的电子，也是电子的反粒子，一旦遇上通常的电子（它们带负电荷），它们便会"同归于尽"，一起"湮灭"，同时发出巨大的能量，即使有少量的"漏网之鱼"，它们也在太阳肚子内的深处，人们平常很难见到。但中微子则不同，因为这种十分奇特的基本粒子性情非常孤僻，既不带正电也不带负电，质量极其微小——当时人们一致认为，其静止质量是零，这表明它与光子一样，世上不存在停下来不动的中微子。但中微子与光子又有很大的不同，一张薄纸就可让光线受阻，但地球上几乎没有什么可以把中微子截留下来，甚至于几光年厚的"钢板"，它也可轻而易举地穿越而过。中微子又非常高傲，它不屑与其他的基本粒子结交……1956年美国科学家莱因斯成功地证明了中微子的存在，此成就也使他获得了1995年度的诺贝尔物理奖。

根据这些特性，太阳内部生成的大量中微子应当毫无困难地穿出太阳，直奔宇宙的各个角落，只要有本领，地球上也可以把它们捕获。最早作此努力的是美国物理学家戴维斯，他从20世纪50年代开始，在南达科他州的一个早已废弃的金矿中，制造了一个庞大的"中微子捕获器"——这是在地表层1700米下的一个巨大的罐子，其容积开始时只有3900升，后来扩大了100倍，达到39万升，相当于标准游泳池的1/3。罐内装满了四氯化二碳溶液，因为中微子在经过它时，有可能会与其中的氯原子发生反应：合成一个氩37原子并同时释放出一个普通的电子。氩37是一种放射性元素，故而可以用仪器探测出来。从原则上说来，只要测量出罐子中产生了多少个氩37原子，也就不难得到它已捕获的中微子的数目。

真是说来容易做来难。因为这个反应的概率实在太小太小了，在1秒钟表内，大约需要1.8×10^{35}（1800亿亿亿亿）个氯原子才能捉到1个中微子。不难算出，戴维斯的装置中一共才有

2.2×10^{30}个氯原子，所以，平均要过 81818 秒才可能有那么一个中微子落网！我们知道，一天总共不过 86400 秒，因而平均说来，戴维斯每一天的战果应是 1.1 个中微子。

倘若有此结果，戴维斯也就心满意足了，可实际上，几乎要平均 5 天下来才能抓到区区 1 个。1978 年他公布了 20 多年的测量结果：实际上抓获的中微子只有理论值的 $1/2.2 \sim 1/3.6$——通俗地讲，抓到的只有 1/3 左右，大部分（2/3）的中微子都神秘地"失踪"了。这个"中微子失踪案"引起了空前的轩然大波：理论物理学家责怪天文学家，认为天文学家们对于太阳的研究出了差错，其能源未必真是内部的氢聚变为氦的热核反应，至少不全是这样，应当还有其他什么反应，甚至应把老理论推倒重来；天文学家当然提出反对意见，认为或许出错的是核物理的某些定理，可能这种反应未必会产生那么多的中微子，以致人们以为它们中的大多数不翼而飞了。

争论归争论，多数科学家则脚踏实地，有的是进一步改进装置，用捕获率更高的材料（如纯水、镓等）替代四氯化二碳溶液；也有人则建造更大的"捕获器"。例如，在 90 年代初，前苏联与美国合作，分别在北高加索和意大利两个地下设施中建造了两个新的"捕获器"，前者用了 60 吨纯金属镓，后者则使用氯化镓溶液；日本也在地下搞了一个装有 680 吨纯水的大水槽；1996 年日本又投资 100 亿日元建造了"超神岗"捕获器，它高 41.4 米，直径为 39.5 米，蓄纯水 5 万吨……希望能从中找到什么突破口。

"人"微言不轻

顾名思义，中微子是微不足道的，以前人们都从来没有怀疑过它们是没有静止质量的"小不点"。但中微子失踪案却提示人们，可能问题并非真这么简单，有迹象表明，中微子可能有质量！

倘若中微子真有质量，不管此质量是多么微不足道，但"牵一发而动全身"，其所产生的影响却无与伦比。因为中微子数量巨大，它们的总质量甚至可能影响到宇宙的"命运"。尽管目前我们的宇宙的确是在不断膨胀着，而且也有不少人认为它将一直膨胀下去。但也有很多人主张，宇宙的未来还是"前途未卜"，有可能继续膨胀下去，但也有可能到一定时候膨胀会停下来，并重新变为收缩。这不是以人的意志为转移的，而是取决于宇宙中有多少物质，如果物质不太多，引力就不会大，也就不能遏止住膨胀的势头，膨胀将一直进行下去；反之，如果宇宙中的物质很多，它们产生的引力足够大，膨胀总有停止的一天。

物质的多少也可以用宇宙的"平均密度"来衡量，根据现在一些人的计算，我们的宇宙究竟是开放（一直膨胀下去）的，还是封闭（膨胀终将中止）的，其分水岭是平均密度为 10^{-26} 千克/米^3。也就是说，如若宇宙的平均密度比此值大，则宇宙膨胀到一定程度就会变成收缩；而若比此值小，宇宙则无可避免地会一直膨胀下去。

那么，现在天文学家观测的结果是多少呢？一般认为，目前公认的值是 10^{-28} 千克/米^3，大约只是上述要求的 1/100。不过，这仅是指目前人们已经看见了的物质，事实上，宇宙间还有更多的看不见的"暗物质"，中微子如若有质量，也属于这范围内。

在宇宙中，中微子的数量大致与光子差不多，所以其有无静止质量、静止质量有多大，实在事关重大。据理论推算，如果中微子的静止质量比 8ev 大，（基本粒子的质量常用"电子伏特"即 ev 作单位，如电子的静止质量为 511000ev。由此可见，8ev 只相当于电子质量的 1/63875——约为 1.426×10^{-35} 千克。）则宇宙肯定是封闭的；反之即是开放的。早在 1948 年便有人为此而努力，但因问题十分困难和复杂，一般认为，在 70 年代之前的实测结果不能排除其为零的可能性。

最先测量出中微子静止质量的是前苏联的柳比莫夫，他经过10年的努力，于 1980 年公布的结果是：中微子静止质量 <34.4ev，后来在考虑到误差后改为 17 ~ 40ev 间。到 1986 年时，各国科学家又为此作了大量的实验，得到的数据多达 3 万个以上，初步的结果认为它 <30ev，我国原子能科学研究院的孙汉城教授所领导的研究小组也得到了很好的结果： <12.4ev。

其实，中微子本身还应分为三种：电子中微子、μ 子中微子和 τ 中微子，三者还会互相转化。1987 年 2 月，超新星 SN1987A（在大麦哲伦星系中）爆发时，美、俄、印度等国天文学家得到的它们的静止质量值分别为；0.03、0.01 及 30ev；1995 年又有人测量出它的静止质量在 0.5 ~ 5ev 间……

1999 年初，美国斯坦福大学的科学家对于他们 24 年的研究成果进行综合分析处理后发现，从太阳而来的中微子流有周期性，而且其周期与太阳的自转周期相关，从中可以推出它应有磁矩，而物理学定理告诉人们，有磁矩必有质量。另处，日本东京大学也声称他们也获得了中微子具有静止质量的新的观测依据。

当然，问题并未彻底解决，所有的实测结果大多只是给出了它的上限值，并没有能够肯定到底是否比 8ev 大。宇宙的最大奥秘还需要人们继续努力探索不止。

第四节　超光速与黑洞的困惑

宇宙之妖——黑洞

白矮星和脉冲星都来自于超新星的爆发，所不同者只是其残骸的质量大小不一，前者均小于 1.44 太阳质量；后者则介于1.44 至 2.5 太阳质量间。当然有人马上会问，如若残骸的质量比2.5 更大，将会出现什么情形？它们会是什么样的天体？

天文学家的回答是：黑洞。其实早在 200 年前，被誉为"法国牛顿"的天文学家、力学家、数学家拉普拉斯在他1798年出版的《宇宙体系论》中就指出："宇宙中最明亮的天体，对我们可能是完全看不见的、最黑的天体。"这种"完全看不见"并非是因距离遥远的缘故，而是即便是它就在你的眼前，你仍然漠然不见——因为它是绝对的黑体。

拉普拉斯是根据牛顿力学中的"逃逸速度"（即前述的第二宇宙速度）得到这样离奇的结论的。他用计算来举例：一个直径比太阳大250倍、但密度却与地球相当的恒星，其表面上的引力所形成的逃逸速度将为320000千米/秒——已经超过了光的速度。换言之，这个恒星所发出的光也会被其引力"拉回来"，重新落回恒星的表面上。这样，无论谁也无法觉察到它的存在了。

当然，拉普拉斯本人当时也只是作为理论问题来探讨的，他并不相信世界上真会有这样的怪物存在。但是爱因斯坦的广义相对论却告诉人们，一个内部的核反应完全停止的恒星，由于再也没有可与万有引力抗衡的因素，它们必将发生不可抗拒的坍缩，而如果其质量大于太阳质量的3倍，则此过程将永久进行下去，所有的物质将集中在一个没有大小的"奇点"——黑洞内。因为什么东西也不能从黑洞那儿逃脱，因而，在黑洞之外看起来，它是绝对的漆黑一团，更显得深不可测，由此可见，黑洞这个名字真是最贴切也不过了。

不难算出，恒星要变为黑洞的条件是，它的半径应猛然收缩到"引力半径"以下，而引力半径对不同的天体有不同的值（表4-2）。如我们地球变成黑洞时，只有豌豆那么大。

表 4-2　黑洞的引力半径

天体的质量		引力半径	
千克	与之相当的天体	值	与之相当的物体
10^{12}	山岳	3×10^{-12} 毫米	电子半径
7.35×10^{22}	月球	0.11 毫米	细沙粒
6×10^{24}	地球	8.9 毫米	豌豆
2×10^{30}	太阳	2.96 千米	步行半小时的路程
2.2×10^{41}	银河系	0.03 光年	比邻星距离的 0.7%

　　黑洞也是宇宙间最不可思议的"妖怪",因为黑洞之间除了质量、电荷及角动量(表示转动情况的物理量)外,所有的黑洞毫无区别;如把它的半径看做"视界",则在此界内外就是两个截然不同的世界:视界之外,是正常的天地,牛顿定理依然有效;但若进入界内,不仅再也不能出来回到普通的世界,而且不管原先它们是什么东西,统统都变为清一色的没有大小和体积的物质,并飞快地落向其中心,但又永远达不到中心区。用科学术语讲,黑洞内的时空是倒置的——已经凝固起来的时间不再会流逝,而空间却在不断地延伸……

　　黑洞那些奇异的性质,从来就是科幻小说的绝妙题材,也常被科学家们请出来,以解释那些至今难以说明的现象和事件。因为它既看不见,又因无任何辐射而不能被探测到,所以过去不少人对此深表疑虑,怀疑它存在的真实性。

　　英国"轮椅上的天才"、全身高度瘫痪的史蒂芬·霍金在 70 年代创立的"黑洞物理学",使人在"山重水复疑无路"的绝境中,见到了"柳暗花明又一村"的光明,原来黑洞本身虽无辐射发出,但在考虑了"量子效应"等因素后,其强大的引力波会使它周围发出很强的 X 射线。这也就成为寻找黑洞最好的线索,天文学家正是从具有 X 射线辐射的双星中去研究它们的。在 80 年代，人们在天鹅座内发现恒星 HDE226868 是一对双星，从其轨道推算，它的那颗看不见的主星质量在 5.5～6.1（太阳质量）间，这表示它不可能是脉冲星，而且它又在发出很强的 X 射线，所以天鹅 X–1 成了公认的、黑洞的"第一号种子选手"。

近几年来，这种"候选人"已经有了 7 个：除上述的天鹅 X–1 外，还有天蝎 X–1、圆规 X–1、天鹅 V404、狐狸 QZ、天坛 V821、天鹅 V1343 等。"哈勃"太空望远镜 1994 年上天后，好消息更是接踵而来，它在室女星系及 M87 星系的中心区都发现了大质量的黑洞，而且这类大黑洞至少有 11 个。在 1997 年召开的第 23 届国际天文学联合会大会上，美国和德国的天文学家不约而同都提出，就在我们的银河系中心，存在着一个质量为 250 万太阳质量的大黑洞，其跨度大约有 1 个光年大。

当然，黑洞毕竟还得得到最后的确凿的证实，科学家们还有许多事情要做……

真是超光速吗？

20 世纪的科技发展，使人类终于制造出了超音速飞机，突破了声音的界限，使人们原先习惯的"闻声而来"，变成了怪异的"来而闻声"：先是见到了呼啸而来的飞机，而其发出的轰鸣声，要在飞机飞过之后才传入人耳……现在那些冲出了太阳系的宇宙飞船，其速度已经超过了第三宇宙速度，将来，或许还会造出"亚光速"宇宙飞船，让它们载着宇航员在太空遨游，去寻找我们思念良久的"宇宙人"。

但科学家认为，不管科学如何发展，人类永远无法造出"超光速"的飞船！其原因也是显而易见的，首先，这将破坏"因果律"。在"超光速"飞船上的宇航员，将见到众多不可思议的事情：不慎落地粉碎的酒杯会自动聚在一起，完整无损地"跳"回到桌子上……他还能目睹自己的童年、出生，甚至进而见到父母的诞生。如若他见到日寇的横行,能否从鬼子的屠刀下救出早已屈死多年的无辜呢?除了这种逻辑上的矛盾外,在科学上也行不通,根据爱因斯坦的相对论,做光速运动的物体,其质量将达无穷大!任何能量都无法使它加速。即使是把1个质子的速度加大到光速的 0.999998,那时这个质子的质量将大得不可想像——2.8×10^{41} 千克,竟超过了整个银河系的质量!

超光速问题似乎可以告一段落了。然而,60年代发现的类星体却又向此"金科玉律"提出了严峻的挑战。

1972年天文学家发现一个名为3C120的类星体不仅亮度正在迅速变化,而且还在急剧膨胀——在2年左右的时间内,它的直径增大了 0.001″,虽然这是一个极其微小的微角,可因为它处于离我们16亿光年的远方,故算下来,它在这2年中的膨胀速度竟然高达 1200000 千米/秒,即是光速的4倍!5年之后,欧美天文学家对于3C273作了深入的联测和研究,他们用了6架射电望远镜对其进行了长达3年的跟踪观测,发现它内部有两个发出射电的核 A、B。在 1977 到 1980 的三年时间内,其间的距离从 0.006″增大到了 0.008″,按28亿光年的距离算,它们分离的速度高达9C(光速常用C表示)!

到1987年止,天文学家已经见到了有11个天体中有这种奇特的超光速现象(表 4-3),其中绝大多数是类星体,而且,还有两个是在互相接近着(表中速度为负值)。

表4-3　有超光速现象的 18 个天体

超光速天体编号	距离(兆光年)	速度(C)	超光速天体编号	距离(兆光年)	速度(C)
3C120	587	4	4C39.25	12450	-3
蝎虎 BL 天体	1239	5	Q1642+690	13330	9.3
3C273	2800	9	3C179	49310	10
Q1928+738	6390	9	A00235+164	49310	45(?)
Q0758+178	13900	3	3C454.3	15290	25(?)
3C279	9552	4	CTA102	10790	30(?)
3C345	10500	10	NRA0140	12130	6.2
3C395	11280	20(?)	Q0850+581	12230	6
3C263	11540	3	Q0711+356	13270	-5

　　对于这种超光速现象，如今是众说纷纭，大多数人认为这不过是一种"视觉效应"，或者说是一种"视超光速"，而且也提出了一些可能的模式。近年天文学家已经证明，银河系内的一个超光速源 GRS1915+105 虽然看来在以 2C 运动，但实际的速度只是 0.9C；不过确实也有人主张，广义相对论本身也不是不能修正的，当年的牛顿力学不是也被相对论修正了吗？可能自然界中就有比光子快的"快子"，或许相对论也只是某种条件下的近似，就像牛顿力学是物体运动速度远小于光速时的近似一样。

　　其实，问题的关键可能还是类星体的距离到底有多远，倘若它们的红移并非真代表它们的距离，只要类星体处在较近的距离上，例如，如果距离小 10 倍或 50 倍，那么，相应的分离速度也就小了 10 倍或 50 倍，"超光速"的问题自然也就不复存在，而且，倘若倍数更大，就有可能把前面所讲的能量问题也消除了。

　　然而，非常遗憾的是，红移与距离无关这样的假设并没有任何观测依据，也不符合目前人们所知的物理规律，所带来的问题更多更麻烦。人们总是"两害相逢取其轻"，所以，类星体的超光速与能量问题至今还是两个不解之谜。

第五节　反物质哪儿去了

　　1998年6月2日，美国"发现号"航天飞机又一次冲向太空。令人瞩目的是，它这次带着一台由我国科学家制造成的仪器——"阿尔法磁谱仪"（AMS），这是一个高1米、直径1.2米、重3.5吨的空心圆柱体，仪器的核心部分是一块巨大的、用钕铁硼材料制成的永久性强磁铁，其磁强达0.1特。它的任务是执行美籍华裔科学家、1976年诺贝尔物理奖获得者丁肇中探索反物质的研究计划。

　　所谓反物质，乃是100年前英国科学家施斯特提出的一个设想，1898年他从电荷有正负之分、磁体也分成阴阳（南北）两极出发，认为物质也可能会有正、反两大类，并进而猜测，在宇宙的深处可能会存在有由反物质组成的恒星及星云。不过，当时人们对此假设并不太认真，至多只是觉得有趣，是科幻小说又一绝妙的题材而已。

　　20世纪20年代末，英国狄拉克从理论上证明，宇宙中完全可以有"正电子"存在。所谓正电子，也就是电子的"反粒子"，除了它带正电外，其他性质与一般的电子完全一模一样，而且，所带的电荷都是1个电荷单位，仅是一正一负不同。由此他进一步推断，每种基本粒子都应有相应的反粒子，即还可能有反质子、反中子等等。

　　1932年人们从实验室中证实了狄拉克的这个天才预言，第一次得到了正电子，于是狄拉克得到了1933年的诺贝尔物理奖。

他在他的领奖演说中说，在这茫茫无垠的宇宙中，可能在某一个"角落"里，会存在有一个"反宇宙"，那儿的恒星、行星、甚至"人"，都是由反物质构成的。那些"反物质人"可能与我们长得一般无二，但构成它们的分子、原子，都是反质子、反电子、反中子，所以当我们与它们一旦相遇时，千万不能有任何亲近的表示，因为正、反物质只要碰在一起，就会剧烈爆炸，即刻一起"湮灭"——统统变成耀眼的光！什么东西也不会剩下来。1908年前苏联西伯利亚地区的"通古斯大爆炸"，因至今未能找到肇事的"陨石"，美国化学家利比（1960年诺贝尔化学奖得主）就曾用反物质的撞击来作解释。

20世纪50年代，科学家们又陆续找到了反质子和反中子，以后更多的反粒子：反中微子、反介子、反超子……相继登场，几乎所有的基本粒子都找到了自己的"镜像"。在这由反粒子构成的物质世界内，同样有牛顿的万有引力定律，电磁同样会有相互作用。1996年德国科学家果真在实验室内把反质子与正电子（即是反电子）聚在一起，组成了世界上第一批（共9个）"反氢原子"；1997年美国人重复了这个实验，也造出了7个反氢原子。尽管这些反原子是如此之少，而且其寿命极其短暂——400亿分之1秒！在它们的"有生之年"，连跑得最快的光，也只能走过75毫米的一段短距离，但这两个实验结果，在全世界引起的轰动却是空前的。因为，它们显示出了一种与湮灭相反的物理过程：用能量来同时制造出正物质和反物质。这或许也能为宇宙大爆炸提供某些理论依据——宇宙中的物质就来自于巨大的能量，炽热的火球会转化为粒子、反粒子对。

当然，这样产生出来的宇宙应是高度对称的，换言之，宇宙中有多少正常的"正物质"，也必然应有同样数量的"反物质"。可事实上，今天睁眼看看周围，哪里有反物质的踪影？

瑞典天文学家、诺贝尔奖获得者阿尔文也认为，在宇宙中应当有很多很多的反恒星、反星云、反星系。主张宇宙大爆炸理论的不少科学家也相信,大爆炸应当同时产生两个"宇宙",一个是我们现在赖以生存的正常的宇宙世界,另一个是全部由反物质构成的"反宇宙"。为什么这两个水火不容的宇宙,在150亿年这样漫长的岁月中没有互相湮灭呢?想必是在这二者之间一定有什么东西把它们严格隔离了。可惜的是,这种"隔离说"至今没有任何观测证明,实在很难让人信服。

目前多数人倾向于一种"宇宙不对称"理论:认为当初大爆炸时,所产生的正、反物质本身并不完全一样多,因此当后来它们相遇湮灭时,就会有一部分正物质多余下来,并逐步形成了今天我们这个宇宙。至于为什么会不对称,前苏联物理学家萨哈罗夫的解释是:反粒子并非是正粒子的完整的"倒影",只要其间的质量有 10^{-7}(千万分之一)的不同,那末大爆炸时形成的质子会比反质子多10亿分之1——当10亿对正、反质子湮灭消失后,会有1个质子幸免于难而保存下来,而这区区的10亿分之1就成了宇宙的"始祖"。1999年美国费米实验室的亚原子粒子加速器进行了一项实验,证明了"电荷宇称的直接不对称",据称,这可以作为这个宇宙不对称理论的证明。

由于种种原因,丁肇中教授领导的这次航天飞机上的实验并未得到确切的结果,但短短10天的实验也证明,其原理是正确的,仪器是可靠的,完全经得起航天发射时的各种考验。因此它将于2001年2月装上"国际空间站",以把这个寻找反物质的实验长期继续进行下去。相信只要持之以恒,人类终将揭开这个科学之谜。

太空时代的天文学

1957年，前苏联的第一颗人造地球卫星上天时，美国报业大王赫斯特就说："它把人类的生活推进了几个世纪。"因它标志着人类从此进入了崭新的"太空时代"。在前苏联的第二颗卫星进入预定的轨道后，被世人誉为"氢弹之父"的美国物理学家特勒曾惊叹说，美国输掉了一场比珍珠港更重要的战役。

从人造卫星到各种宇宙飞船，使人类摆脱了地球的羁绊，由于不再受到地球大气的阻挡，也不会因风霜雨雪而无法观测，于是，展现在人们面前的是一个全新的天地、全新的宇宙。太空技术的飞速发展也带动了一系列科学技术的大飞跃，新一代的巨型望远镜、射电天文学的崛起、各个波段仪器的相互配合、空间望远镜的升空……可以认为，最近短短几十年内天文学所取得的进步和成就大大超过了以往的总和。6次"阿波罗"登月把12个宇航员送入月宫，"水手"、"先驱者"、"旅行者"、"海盗"、"麦哲伦"、"伽利略"、"火星全球观察者"、"火星探路者"、"卡西尼"……一大批飞船临近或降落于行星、卫星所获取的各种资料更令人目不暇接，因此，太空探测为天文学搭起了可尽情表演的大舞台。

第一节 "太空望远镜"的功勋

好事多磨的"哈勃"

前苏联于 70 年代建成的 6 米巨型望远镜，虽然也称霸一时，但因其"先天不足"，地球的重力，日夜的温差变化使它无法正常工作。巨额投资泡了汤，这沉痛的教训使人们对于再建传统的大望远镜慎之又慎。空间望远镜的计划也就很自然地提到了议事日程上来。

早在 1971 年时，美国航空航天局就已经开始研究有关的计划，准备让航天飞机把一架口径达 2.4 米的大望远镜送入太空，并且该方案也在 1979 年获得了美国国会的批准。科学家们指出，尽管它的口径还不及 20 年代落成的"胡克"望远镜（口径 2.54 米），但极好的"天时"因素，将使它的各项性能大大超过地面上最大的 5 米、6 米镜，它能见到更暗 100 多倍的暗星，相当于把人类的视力又延伸了近千倍；其分辨本领也可提高 10 倍以上。为与它即将建立的赫赫功勋相称，他们把它命名为"哈勃太空望远镜"（HST）——哈勃是美国一位天文学家，人称"星海将军"，正是他发现了星系的膨胀，得到了著名的"哈勃公式"，使人们对宇宙的认识产生了革命性的大飞跃，奠定了现代宇宙学基础。

可真应了"好事多磨"这句谚语，有关的发射计划一拖再拖：1983 年、1985 年……1986 年 1 月"挑战者"航天飞机的失事，又使其向后推延了 4 年多。1990 年 4 月 10 日，它已经装上了航天飞机，在倒计时即将开始时，又因一个机械故障而紧急刹车，让数百名天文学家及有关设计制造人员有兴而来，败兴而归；就是在 24 日正式发射那天，也出现过一些小的问题，幸好及时解决了，才使其登上太空的舞台。

"哈勃"长 13.16 米（望远镜的焦距达 57 米），镜筒的直径为 4.7 米，总重 16.6 吨，外形如一辆大型公共汽车——但带有两个"翅膀"（太阳能电池板），耗资 21 亿美元。它绕地球的轨道离地面 590 千米，与赤道的交角为 28°，绕转周期为 100 分钟，设计寿命是 15 年。

"哈勃"的主要任务有九个：（1）精确测定宇宙距离；（2）确定宇宙年龄；（3）预测宇宙发展趋势；（4）研究星系的演化途径；（5）寻找地外行星；（6）寻找和研究黑洞；（7）探讨类星体的本质；（8）进一步探测太阳系；（9）研究恒星的起源和演化。显而易见，这九个问题都是当今世界上最热门的议论中心，任何一项突破都能让世界为之轰动。

不可思议的是，这样一个重要的项目，投入了这么巨大的资金，经历了这么漫长的时间，谁知道，精确的仪器在最后的制造过程中，会出现一个难以置信的"低级错误"！而且是在它上了天、传回来第一张天体的照片后才发现不对劲。

经过几个月的调查，人们才知道，使"哈勃"患上"近视"的原因，仅仅是因为在多次研磨镜头的过程中，有一次一块磨板装偏了 1.3 毫米，致使凹形的镜头的一面边缘被多磨去了 2 微米——相当于头发直径的 1/50，这可真是"失之毫厘，谬以千里"呀！就因为出了这个肉眼根本看不见的微小误差，导致了科学界内激烈的争论，物理学家瑞曼的第一个反应是："这下可完了。"航天局的一位官员也说，这必将导致人们对于投资其他大科学项目的信心。事实上，后来布什总统提出的月球、火星飞行方案都遭到了国会的否决，国际空间站的庞大计划也未获通过……

为了弥补这个差错，科学家们经过仔细研究斟酌，反复权衡推敲，才决定专门安排一次航天飞机上天，让它带上宇航员去作艰苦的太空修理。1993 年 12 月 2 日至 13 日，美国"奋进号"上有 4 名宇航员（内有一个女性）通力协作，先后共 5 次走出舱外，在茫茫的太空中辛勤地工作了 35 小时 28 分钟，更换了 11 个部件，所化的费用高达 6.29 亿美元！

成就辉煌，令人折服

尽管"哈勃"出师不利，遭到了一些非议，但因它毕竟摆脱了地球大气的影响，还是能有所作为的。1990 年 5 月 20 日，它为人类传回了第一张天体照片——NGC3532，这是一个离我们有1400 光年的星团，原先地面上见到它的中间有一长条光，天文学家始终不知此为何物，但"哈勃"的资料却明确显示出，这不是什么光，而是两颗恒星。

在检修前，美国科学家只能借助电脑进行修补，但居然也能消除相当部分的误差，1990 年 10 月，美国有关方面公布了半年间的资料，人们不禁大为叹服，有人还称它不愧为是一架伟大的"发现机器"。例如，4.7 万光年之外的 M14 球状星团，地面上的大望远镜即使加上了最先进的"电荷耦合器"（CCD）设备，在20″的范围内至多只能模糊地看出 15 颗恒星，但"哈勃"在同样的天区却至少可分辨出 200 多颗；在位于鲸鱼座方向上的 M77 旋涡星系中，依靠它可通过地面上无法见到的一些现象推论出，其核内可能有一个达 1 亿太阳质量的巨大黑洞；太阳系的"老九"冥王星从 1930 年 3 月发现以来，人们一直所知极少，1978 年发现的冥卫也总是与本体连在一起，总让人对其真实性疑惑不已，现在有了它，问题就清楚了，"哈勃"拍得了二者分离的照片；其他还有许多惊人的大发现，以致美国航天局首席天体物理学家怀勒说，"哈勃"现在仍然可以发现人们意想不到的天体。

尤其在经过 1993 年的大修后，使它基本上达到了原先的设计要求，分辨率提高了 50%，灵敏度提高了 15 倍，人们对此予以极高的评价，连克林顿总统也专门打电话赞扬这些太空勇士，称他们的工作是"历史上最壮观的航天活动之一"。宇航员的辛勤劳动再加上电脑的巧妙修正，真使它如虎添翼，1994 年适逢"彗木大相撞"，在这场千年不遇的罕见事件中，它居高临下，又不受白天限止（太空中永远是漆黑的），因而得到了非常完整的资料；它肯定了恒星到晚年时会向太空喷发，形成含有重元素的星云；它也见到了鹰状星云中孕育在"球状体"内的那些"原恒星"；"目睹"了猎户座内在最近所诞生的恒星的风韵；它发现了许多类星体都位于星系核内，为揭开其奥秘提供了有益的启示；它还发现宇宙中"车祸"不绝，从那些星系相撞出现的变化，也为研究星系的演化提供了观测依据；它还使"地外行星"的队伍一再扩员；在太阳系内，它也是捷报频繁：木星两极的绚丽极光绵延数千千米，景象十分壮观；土星上除了也有极光外，居然还有规模巨大的尘暴；火星上的气候瞬息万变，几分钟内就会有大起大落的变化；冥王星的真容也第一次在人类面前显示出来⋯⋯

1997年2月，美国航天局又一次派出宇航员对它进行了第二次大检修，使它能够兼顾红外（见本章第三节）区域的观测，以获取更多、更全面的资料。

1996年6月22日，"哈勃"已经为我们拍下了第10万张天体照片，那是一个90亿光年之外的类星体。从而提前完成了它的第一阶段任务。据统计，其中有1/4是星系和星系团的照片，1/4是恒星及星团的资料，而最多的还是有关我们太阳系天体的镜头。值得称道的是，"哈勃"在百忙之中，还为一些业余的天文爱好者安排了一部分时间，以让他们也能在探索太空中一显身手。"哈勃"所得的10万图片资料更使天文学家们欣喜万分，截止到1997年，至少有20多个国家的2000多名科学家运用了它11万人次，据此完成的科学论著达1350篇，使许多方面的研究都得到了很大的发展。

第二节　崭新的太阳系

金星真貌

在迷人的夜空中，最明亮、最可爱的无疑是大名鼎鼎的金星了。它的光泽比天狼星还强14倍，即使把全天肉眼可见的近7000颗恒星的光并在一起，也只是比金星稍亮20%而已。它那宝石般的光芒也常使得坠入爱河的情侣更加痴迷，在西方，它的大名"维纳斯"就是爱神与美神；不过在中国它的形象却是一个慈祥的白发老仙翁。

金星是离我们最近的大行星，它始终处于我们的内侧。所以，从地球上看来，它有时出现在黎明前的东方，有时却又会跑到西边傍晚的星空中，以致让古人们误以为是两颗不同的星。金星离太阳更近，其大小、质量、平均密度等都比地球小不了多少，加上人们很早就得知它也拥有一个浓厚的大气层，所以一直受到人们的偏爱也是情理中的事情。但因它始终被一层厚厚的浓云紧紧裹住，从来无人见到过它的表面真容，以至让人产生了许多悬念——在 60 年代前，甚至还有人以为，金星的大气层之下，一定是一个类似热带风光的世界：高大茂密的丛林遮荫蔽日，潮湿闷热的环境终日是湿漉漉的世界，昏暗的密林中栖息着种类繁多的动物……说不定还会有智慧过人的"金星人"正等待着我们去结交呢！

但是，宇宙飞船（包括雷达）却明白无误地告诉人们，金星不是生命的乐园，而是比地狱还要恐怖的火炉，它那儿的温度高达 480 摄氏度，一般熔点较低的金属（如锡、铅、锌等）都会被熔化成液体。而且，金星的高温无从逃遁，因为即使在深夜（金星上的一"天"相当于我们 117 日），哪怕到它的两极，依然是这样的可让金属熔化的温度。不仅如此，金星大气比地球大气密 100 倍，其气压大致与我们的海洋 900 米深处的压力相当。这样高的大气压也是生命的杀手，在 90 个大气压的重压下，一个大篮球将被压为乒乓球那么一点点大，地球上任何生物到了那儿，呼吸时只会进气，根本无法吐出废气来。再说金星的大气中，主要成份是无法呼吸的二氧化碳，动物立即会窒息而死。在 32 到 82 千米的高空中，金星的大气层中充满了极其可怕的、浓酸雾滴组成的云层，这些大小仅一二微米的硫酸、氢氟酸、盐酸的浓度都很高，因而具有非常可怕的腐蚀作用。金星上还有的奇闻是：那儿的太阳是从西方升起、东边落下的。

人类对于金星的探测活动甚至比加加林上天还早——1961年2月4日，前苏联的"人卫4号"原是计划飞向金星的第一艘飞船，可惜由于运载火箭失控而坠毁，8天之后的"金星1号"又在飞行途中，因通讯故障而成了"断线风筝"；美国的"水手1号"同样没能逃脱厄运，在发射时（1962年7月22日），因助推火箭爆炸而粉身碎骨。如果把前苏联秘而不宣的也算在内，失败的金星飞船至少有11艘之多。

最早取得部分成功的是美国的"水手2号"，这个重203千克的无人飞船于1962年12月4日从金星的身边掠过，与金星最近时的距离仅为36000千米。前苏联则在1965年11月发射的"金星3号"也于翌年抵达目标。至70年代末，飞抵金星的宇宙飞船已有16艘（其中前苏联有11艘）之多。由于它严酷的条件，绝大多数飞船在其表面上只能坚持很短一段时间。

真正开创金星探测新局面的，是美国1989年从航天飞机上发射的"麦哲伦号"，这个价值9亿美元、自重970千克的无人探测器，装有许多非常先进的科学仪器，高分辨率雷达可以看清金星上大于250米以上的物体，它于1990年8月10日到达之后，就沿着金星的子午线运动，轨道的最高点和最低点分别为8028及249千米，在最低点时拍得的照片相当于16100×24平方千米的表面积，而所得的立体图分辨率高达32平方米。原计划它工作的寿命只有243日（即金星自转一圈的时间），但实际却一直坚持到1993年5月才脱离轨道，并于1994年10月12日在其大气层内坠毁。

粗粗一看，金星的地貌与地球相差无几，什么地形都有，最高的麦克斯威峰高12000米，在赤道附近耸立着3个直径37～48千米的火山。种种迹象表明，上面的火山活动至今还时有发生，但金星上却很难见到通常天体上比比皆是的、圆圆的环形山。最令人惊奇的是，金星上所有的地形特征都相当"年轻"——最老的也不超过10亿岁，有的只有几千万年，平均为4亿岁。以致科学家们普遍认为，那儿过去曾发生过非常巨大的、全球性的奇特灾变。"麦哲伦"开辟了金星研究的新篇章，使我们见到了一个全新的金星。

争论不休的火星生命问题

在地球的外侧，与我们紧邻的行星是迷人的火星。虽然从大小而言，火星的质量只是地球的1/10，体积不到1/6，但它那荧荧的红光却特别引人注目。火星在西方被视为威武的战神，它与地球最近时，距离只有5500万千米，但最远时可达3.8亿千米。前者的位置称"大冲"。大冲的机会大约相隔15～17年才有一次，在此期间，火星每天傍晚从东方升起，到天明才落入西边地平，故是观测它的最好时机，在空间探测之前，人们有关火星的知识几乎都来自在大冲期间的观测。

火星的自转周期只比我们长41分钟，所以那儿的一天也只比24小时仅仅多39.5分。更有趣的是，其自转轴的倾角为23°59′（地球为23°27′），可见那儿同样有四季、"五带"之分，而且，火星上的大气层不如金星那么令人恐怖。更重要的是，天文学家很早就证明，火星上南北两个白皑皑的极冠中有水的成份……所以它荣获了"空中小地球"的雅号。

1877年火星大冲时，美国天文学家发现了它的两颗很小的卫星；而意大利天文学家却发现了上面有一些"线条"。由于翻译上的问题（也不排斥有人故意哗众取宠），到了英美，变成了"天文学家发现了火星上有运河"。从此，"火星人"应运而生，中间还闹出过一些令人啼笑皆非的闹剧。但大多数天文学家的头脑是清醒的，他们知道，火星上温度很低，即使在它的赤道地区，也在 +20 ～ -80 摄氏度间，但在极地，夏季也在 -70℃左右，可见其"四季"并无多大的意义；火星的大气中氧的成份不到0.1%，二氧化碳却有95%，而且，表面的大气压只有7.5毫巴——与地球上30千米高空处相当。在如此严酷的自然环境中，"火星人"实在只是人们的一种良好愿望而已。

然而，在1996年8月，争论了百年之久的"火星生命"问题再度出现了一个高潮：美国航天局宣布，他们在一块来自火星的、编号为"ALH–84001"的陨石中，发现了"火星上过去存在过生命的确凿证据"。原来他们在该"火星陨石"之内发现了两种罕见的物质，一是多环芳香烃，一是磁铁矿和黄铁矿形成的化合物。据说前者产生于简单有机物的腐烂，故可认为是某种微生物的遗骸；而后者是只有在生物的催化作用下方能生成的产物，现在二者同时出现在一起，岂非是"铁证如山"！不久，英国科学家也来了个锦上添花，他们在另一块火星陨石"η–79001"中也找到了可以表示"生命遗迹"的有机化合物。1999年，美国航天局的科学家又一次宣称，他们在另一块火星陨石中再次发现了更多的有关证据，这块陨石是1911年坠落于埃及的奈赫莱陨石，其"高寿"已有13.7亿岁了。

这真是石破天惊，立即掀起了轩然大波。不少人深受鼓舞，毕竟这是第一次拿出了真正的"物证"。既然火星上过去存在过生命，也就不能排除它们至今还蛰伏在那儿（如在表层下的永久冻土层中）的可能。在地球之外能找到生命，无论它怎么不起眼，其科学意义实在非同小可。所以连克林顿也来和兴：美国的太空计划将会全力以赴，以寻找更多的火星存在生命的证据。

可是对于如此重大问题，结论下得太快也会遭来非议，除了对于陨石的身份是否真是来自火星的质疑外，更有不少人对于那些"确证"本身，也提出了众多的非难，因为这些让人兴奋的"生命化石"实在太小太小了，它们总共不过20～200纳米（1米=10^9纳米）长，要千把条首尾相接，才只头发丝的直径那么大，真不知他们如何解剖、如何研究的；也有人说，在陨石中发现芳香烃分子，过去就时有所闻，可以前从未有人把它们与生命问题扯到一起，因为对此可做出多种不同的解释，生命并非是惟一的、最好的解说；甚至还有人认为，这样匆匆忙忙地下结论，或许就夹杂着要向国会争取更多拨款的因素在内……

在一片争论声中，美国的"火星全球观测者"和"火星探路者"相继抵达火星，尤其是后者，它于 1997 年 7 月 4 日，把一辆 6 轮车"旅居者"送到了火星上，在火星的战神谷，这辆重只有 10 千克、大小仅为 65×48×30 厘米的小车，对火星表面作了详细深入的研究，尤其让人振奋的是，它雄辩地证明了，火星上确实曾有过滔滔的洪水，这对于生命说是一个强有力的支持。

一对"巨人"的风采

在太阳系的九大行星中，木星和土星是两个名副其实的"巨人"，它们比地球、金星大了很多倍，从直径言，木星是地球的 11.2 倍，土星为 9.4 倍；以质量论，则分别为 318 和 95 倍。所以，倘若在木星的赤道上做"环球旅行"，漫长的路程将达 45 万千米，比去一趟月球还远得多呢。这二位又都有一大群"子女"跟随，简直就像两个小小的"太阳系"。过去认为，大大小小的木卫有 13 个，土卫系统的成员也有 10 个之多，但近几年来，由于宇宙飞船多次拜访了它们，使得卫星数也迅速增加起来，现在所知，木卫至少为 18 个；土卫可能会超过 22 颗，是太阳系中最最"人丁兴旺"的两个"小家庭"。

人们早就知道，木星表面最显著的特征是它那独特的大红斑，土星的引人之处则是其美丽绝伦的光环。但飞船发回的资料又告诉人们，木星的"腰间"也有环带，只不过此环远比不上土星而已，肉眼根本无法看见，所以通常也只叫"木星环"，而免却了这个"光"字；而土星上也有一个斑——白斑，只是其规模、其亮度、其寿命都不能与木星的大红斑相提并论就是了。

宇宙飞船探测的另一让人大吃一惊的结果是，这两个巨人在某些方面竟然与恒星有些相通之处：它们的表面不是如地球、火星那样，有坚实的地面，其浓厚的大气层下竟是沸腾的汪洋大海！有人干脆称它们是"液体行星"。整个行星的主要成份也与太阳相仿，大部分是氢和氦，所以，它们表面上的"大海"并非由水组成，而是一种"液态氢"（土星上的"海"则还有部分液氦），它们所以成为液体，完全是由于它们身上受着巨大的压力造成的，就像我们熟悉的液化气一样。不仅如此，这二位巨人的"体温"也比理论值高几十度。用红外的方法进行测量，还可发现，它们所发出的能量比从太阳那儿所得到的能量大得多，这就是说，它们自己也在发"光"，只是这种光是肉眼见不到的红外光。这样，以前的金科玉律——恒星是自己会发光的天体，行星本身不会发光——在这里碰了壁，区分行星和恒星的"试金石"也失灵了。除此之外，木星和土星还会发射出一些高能电子及射电波，就像太阳系中两个功率强大的"广播电台"。

飞船在临近木星时，曾仔细研究了它的大红斑，发现那是一个硕大无朋的超级大风暴，里面的细节结构非常复杂，令人不解的是，木星大气中的温度很低，平均在零下140摄氏度左右，在这样的严寒中，一般的物质都被冻得懒得动弹，分子的运动也应很缓慢，可这个能容纳好几个地球的大风暴内，风速达几百千米每秒，而且能历时几百年经久不衰，因从卡西尼1655年发现、1878年有正式观测记录至今，尽管其色彩和大小时有改变，但从未消失过，这不能不说是大自然的一大奇迹。

飞船发回的有关土星的资料中最有趣的是，人们看到了一个全新的"光环"。从飞船上看去，它哪里是以前认为的几条环，几个环缝，而是密密地排列着难以计数的环带，就像一张巨大的密纹唱片。它也失去了往日的风韵，近看时环并不整齐匀称，甚至有的还不是完整的一个圈；有的是大环套着小环，显得凹凸不平或者变成犬牙交错的奇形怪状，甚至有一条"F环"，"旅行者1号"见到它是像姑娘的发辫，由3股细流扭结在一起，但在九个月后的"旅行者2号"眼里，它已大大变了样：原先的扭结早已被解开，但在那儿却又衍生出了14个小环，更有趣的是，这时在这F环中竟出现了一对十分可爱的、很小的冰卫星；在过去以为里面空空荡荡的"环缝"中，现在人们已知道，里面并非是真空地带，也会有一些物质进入，甚至可能会有一小段光环物质去游弋一番。

飞船还测量了土星光环内的温度，它比土星的温度低几十度，大致为零下208至零下198摄氏度。奇妙的是，土星光环还会"唱歌"，"旅2"在飞近及离开它时，都听到了它发出的诡秘的声响，这些噪音从何而来？至今还是一个不解之谜。

遥遥"三弟兄"

在赫歇耳发现天王星（1781年）之前，人们的头脑中总是以为，到了土星那儿，也就是抵达了太阳系的尽头，因此，天王星的发现让人的观念也发生了革命性的飞跃。现在谁不知道，在那些遥远的太阳系边陲，还有着地球的三个"同胞手足"：天王星、海王星及冥王星。其中最远的"老九"冥王星，离开太阳的平均距离达40天文单位（约60亿千米），它绕太阳转上一圈需要247.7年，事实上，从1930年发现至今，它在轨道上还只走了1/4圈的路程。如从它那儿回头"望乡"，太阳已经不成为"太阳"，而是真的变成了一颗普通的"恒星"，所不同的只是这颗"恒星"特别亮——相当于中秋月的200倍而已。

冥王星还是太阳系中最乖僻的一颗行星：它小得出奇，半径只有1150千米，只是它"侄子"月亮的2/3，即使把它降级（现在确有人在怀疑它作为大行星的资格），放到卫星世界中，它也只能排到第8名左右；冥王星的轨道也与众不同，不仅十分倾斜，交角达17度以上（一般只二三度），而且，轨道特别扁，与太阳的距离起伏很大，最远时几乎达 74 亿千米，而最近时却只有 44 亿千米（此时甚至比海王星还近），事实上，在 1979 到 1998 的近 20 年时间内，冥王星离开太阳的距离的确比海王星还近。它也是迄今为止还没有飞船拜访过的大行星，幸好"哈勃"在 1996 年对它连续观测了 6.4 天（其自转周期是 6.3867 天），得到了几十张包括它整个表面的照片，使人第一次领略了它那些独特的风光，其表面状况也很复杂，也有由冰所形成的极冠，表面上的亮区主要是由氮冰构成的，而甲烷冰组成了上面较暗的区域，这些资料还表明，冥王星上也有一层薄薄的大气，其主要组成是氮、甲烷和一氧化碳，而不是通常的氢和氦。

天王星与众不同之处是它的自转是侧身转动，这种奇特的"侧向自转"使其南、北极都有朝向太阳的机会。1977 年 3 月，天文学家发现天王星周围有环带——正是受此启示，后来才找到了木星环。"旅 2"证实，天王环共有 20 条，而且它们各有不同的色彩，最亮的主环 ε 环中，大的物质如卡车，小的似芥末。当然，由于这些环又薄又小，在地球上用一般望远镜是怎么也见不到其尊容的。飞船还告诉人们，天王星有 17 颗大小不一的卫星，最大的天卫四只有月球的一半，而且它们大多比较黝黑，不易被发现。

海王星是人们从"解方程"得到的行星，从而使哥白尼的日心说、牛顿的万有引力定理得到了有力的证明，因而"知名度"不小。人们常把它与天王星比做"孪生兄弟"，正如木星和土星、地球与火星一样。海王星的半径略小 3%，但质量反而大 18%，对于众说纷纭的海王环带问题，也于 1989 年"旅 2"做出了"终审裁决"：它有 5 条环带，靠里的 3 条比较模糊，其中一条实际上只是一个尘埃环，外面的 2 条（记为 1989N1 和 1989N2）较亮一些，但前者实际上只有几段弧段，并不完整。

最令人困惑的是海卫一，这颗半径比月球仅小 300 千米的卫星，不但轨道令人费解，它在离海王星不远的圆轨道上，竟是"反其道而行之"——是少见的逆行卫星；而较远的海卫二虽然轨道扁得出奇，却规规矩矩地顺行着。这次"旅2"虽然让我们见到了它动人的风采，但"老帐"未清反又添了"新帐"——从传回的电视画面看，海卫一是一个五彩缤纷的世界："天"上飘着满天大雪，"地"上有隆隆的火山喷发，当然，雪是甲烷和氨组成的黄色物，火山口喷出的是冰块或橙黄的冰氮颗粒，它们可以冲上32千米的高空——几乎是我们珠峰高度的4倍！更奇的是在海卫一上竟测到了磁场，这是卫星世界所罕见的特例；海卫一上也有一般行星才有的大气，它一直延伸到800千米之外；第三，它具有行星型的地形及内部结构，上面不但有广阔的平原、巨大的盆地，还有曲折的山脉，活动着的火山，"地震"造成的起伏不平的小块土地；在它的大气层中甚至还有一些"光化烟雾"，有人认为这是人类活动特有的产物……这一切，叫人对它的归属也产生了疑问。难怪美国科学家要惊呼：海卫一是我们所见到的太阳系中最奇特的星球！

卫星也有"伊甸园"？

由于太空探测的辉煌成果，人们现在知道的卫星数已经超过了70颗，即使是那些冰卫星，它们也都有坚硬的表面，所以，自古以来，总有人猜测卫星上是否也有生命存在。当年伽利略在见到月面上山峰林立后，也坚信那是与地球一样的世界，为了一睹"月球人"的芳容，他经常通宵达旦地举着他的望远镜观测不已。

在飞船探测之前，人们一向以为卫星中的"龙头老大"非土卫六（泰坦或提坦）莫属，但"旅行者"所做的精确测量纠正了这个看法：土卫六的半径是2575千米，比木卫三的2631千米稍小56千米，故只能屈居第二。土卫六早在1655年就被荷兰天文学家惠更斯"请"了出来，也是最早发现的卫星之一。从地球上用大望远镜观测，它是一颗桔红色的小星，相当可爱。1944年美天文学家发现了它也有稠密的大气层，这也是卫星世界中第一个确证有大气的天体，当"火星人"的神话破灭之后，人们很自然地对其刮目相看了，谁不希望在它的大气下有一个生机勃勃的生命绿洲呢？从"旅行者"发回的资料看，土卫六上大气层的主要成份是氮气，其次为甲烷和氨，氧的含量极少；而从密度言，却是地球大气的5倍，表面大气压相当于1.5～3大气压。有人认为，土卫六的表面上有一层深达1千米的"海洋"——"海水"中70%是乙烷，25%为甲烷，还有的是氮；但美国航天局的专家则说，它更可能是一种粘稠的碳氢化合物——极像是浮在冰上的一层高级石油产品，加工一下，就能用来做"露天停车场"。但看来它上面具有生命的可能性并不很大，当然，我们期待着已经踏上征途的"卡西尼"飞船，按照预期的计划，它在抵达土星之后，将于2004年11月把一个重350千克的"惠更斯"登陆舱降落于土卫六表面上，相信到那时，它可以帮我们做出可信的结论。

表5-1　月球与四个大木卫比较

	月球	木卫一	木卫二	木卫三	木卫四
半径（千米）	1738	1815	1569	2631	2400
质量（10^{22}千克）	7.35	8.89	5.58	14.94	9.38

木卫一、二、三、四是伽利略于1610年发现的卫星（故也称伽利略卫星），也是除月球之外人类最早知道的4个卫星，当年伽利略还曾用此作为支持哥白尼学说的有力依据。这4个卫星都很大（表5-1）。木卫一是一个充满活力的天体，几艘飞船经过时都见到它上面的火山正在隆隆喷发，这是人类第一次见到地球之外的火山活动。现在已辨认出它上面的活火山至少有100多

个，而它喷出的很多是硫，规模也比地球火山更大，木卫一的火山奇观一度也是世界头号科学新闻。

最富喜剧性的是晶莹的木卫二。在"旅行者"的眼中，它只是一个"灰姑娘"，并无什么出众之处。但是自"伽利略"几次从它上空飞过之后，它成了身价百倍的"白天鹅"。1997年2月，"伽利略"第二次临近到它692千米上空，从所得的资料看来，木卫二上不仅有冰，而且有真正的液态的海洋，在海面上还有浮冰在漂移着，这一切无不让人怦然心动。一位美国天文学家激动地说："木卫二上已经具备了符合生物生存的基本条件。"后来，"伽利略"又几次再度探访，最近时离它表面的距离只有196千米，所有的资料都说明：木卫二上面有一层薄薄的大气，大气之下是一片棕红色的大海，水面非常浑浊，覆盖着1米厚的冰层，中间还夹有巨大的冰山，同时还有许多疱状的物体……这是地球之外从未见过的动人景象，有位海洋生物学家说，他相信，由于冰层之下已经得到加温，生物已经可以在那儿生存了。尽管那儿的温度在零下145摄氏度左右，但很多人认为，如果将来在木卫二上找到一些简单的生命物质，谁也不会感到意外。

木卫二究竟是否真是太阳系的又一个生命"伊甸园"？现在下结论可能还为时过早，但是，这终究让人见到了一线曙光。相信已经进入了太空时代的现代人，在不久的将来一定会把这个问题弄个水落石出的。

第三节　从光学到射电

曲折的历程

自古以来，人们总是依靠自己的五官来获取外界的各种信息，其中尤其重要的是一双眼睛，因为绝大部分的信息来自"眼见为实"。但实际上，人类的肉眼有很多局限，例如，它只能在可见光这一小波段内发挥作用，对于此波段外的辐射，它就鞭长莫及了。

首先取得重大突破的是射电——无线电波。无线电波是德国物理学家赫兹首先发现的。1901 年意大利电气工程师马可尼发明了无线电通讯方法，并首次实现了用它进行穿越大西洋的洲际通讯试验。从本质上讲，无线电和可见光，这二者都是电磁波，并无本质区别，不同的只是可见光的波长在 400～700 纳米之间；射电的波长是 1 毫米至 30 米而已。可在无线电技术发展初期，几乎没有一个天文学家对它有任何兴趣。

用射电进行天文观测实属偶然。1928 年，美国贝尔电话实验室来了一个 23 岁的捷克裔青年央斯基，他们让这年轻人去探讨短波通讯中的干扰问题。央斯基为此专门研制了一架可以旋转的天线阵，它长 30.5 米，高 3.66 米，使用的波长为 144.6 米（20.5 兆赫），通过几年的不懈努力，到 1932 年时他已清楚，天空中有一种稳定的、变化不大的"天电干扰"，在排除了太阳的因素后，终于肯定它来自银河系的中心。

他的这篇论文发表于当年 12 月出版的《无线电工程师协会会报》上，虽然有些报刊因对天体也会发出无线电波感到惊奇而作了不少报道，但天文学家却表现出了出奇的冷漠。这也难怪，央斯基的仪器太粗糙了，他的那架天线阵虽然测到了干扰源，但这仅是一个大致的方向，根本分不清干扰源的具体位置在哪儿？它的形状怎么样？对于一向讲究精密计算的天文学家来说，这是难以容忍的事。何况，当时美国建造的"胡克望远镜"（镜头直径 2.54 米）刚落成没多久，如哈勃证明星系都在膨胀等大批新发现正纷至沓来，他们研究大望远镜的这些新资料还来不及，哪有心思来顾及这连准确位置都不清楚的新玩意？再说，在央斯基那个时代，无线电和电子学的知识还没普及，精于此道的天文学家更是寥寥无几，反过来，在那些电气工程师中，又有几人精通天文学呢！更主要的是，当时美国的经济不景气，出现了经济萧条现象。不少人还在为生存而苦恼，根本没有心思顾及天上的事，因此，这个年轻人受到人们的冷落也是在所难免的了。

一晃又过了几年，美国有一个名叫雷伯的天文爱好者、无线电工程师，对于央斯基的发现产生了浓厚的兴趣，在一个铁匠的帮助下，他在自己家的后院内，装了一台抛物面天线，天线的直径达9.45米，竖起来比三层楼还高。尽管铁匠的手艺并不高明，抛物面也相当粗糙，精度只有几厘米，但雷伯还是十分珍爱它，并用这架仪器辛勤观测了近3年时间。1939年，他用160兆赫（波长1.87米）重新发现了"宇宙电波"，进一步确证了央斯基的结论，同时他又绘出了银河系中心的射电等强度线，后来他把此总结为一篇论文，发表在1940年的《天体物理学杂志》上。论文发表后，他更加努力投入实际的观测工作，用了大约10年的时间，得到了世界上第一张射电分布天图，即使用现代标准看，它仍然有相当的价值。所以，现在人们一致认为，央斯基和雷伯的开创性的工作，奠定了射电天文学的基础，他们二人则被并列为是"射电天文学"的创始人。

由于射电望远镜所用的波长很长，这就使其分辨本领大打折扣。一架10厘米口径的普通光学望远镜，可以分清1.4″以上的细节；而雷伯那台天线，尽管直径几乎是前者的100倍，可它的分辨本领只有13.8°——当它收到某个方向有射电发来时，它只能告诉人们，这个射电源大致在那个方向上，可能的半径范围有13个月亮那么大，更不清楚那个射电源是什么形态。在这么大的天区内，真不知道包括了多少种不同类型的天体，正是这个致命的缺陷，使得射电望远镜和射电天文学耽误了很长一段时间。若不是二次世界大战的契机，雷达帮助英国人打败了不可一世的德国空军，很有可能它还会继续"待字闺中"许多年呢。

甚长干涉仪的奇迹

传统的光学望远镜中，提高分辨本领的有效办法是增加它的镜头直径，这也是望远镜越造越大的原因之一。但一味扩大直径，在射电望远镜那儿未必行得通，要想让在米波波段工作的仪器达到光学仪器的水平，其直径应当增大百万倍——雷伯的那台抛物面直径要做到 35000 千米才行，要知道，地球的直径不过 12750 千米呀。

科学家是绝顶聪明的，他们想到了"干涉法"——把两架完全相同的天线用一条基线联起来，如果让它们按东西方向排列，那么，至少在东西方向上，其分辨本领就相当于一架直径有基线那么大的天线，显而易见，扩大基线要比增大天线的直径不知容易多少倍。世界上首台射电干涉仪是英国射电天文学家马丁·赖尔于 40 年代制成的。赖尔的成功启发了人们，于是射电干涉技术很快发展起来，各式各样的干涉仪也就应运而生：双天线、十字形、圆阵形……真是百花齐放。例如我国北京天文台的密云站，就用 20 台天线在东西方向上一字排开，形成了长 1080 米的多天线干涉仪，虽然其中只有 4 台的直径有 15 米，其他 16 台都仅为 9 米，可实际上，它的分辨本领已经达到了 1′左右，即与人的肉眼相当。

现在世界上最大的天线阵在乌克兰，它的长度在 3 千米以上，占地面积达 11 万平方米；1997 年美国与智利签署了一个协定，两国将投入 2 亿美元巨资，在智利的阿塔卡马沙漠内建造更大的天线阵，它包括的天线多达 40 架，每架的直径为 8 米，后来，日本和欧洲闻讯后也表示要加入该计划，所以最终的观测网可能会超过 120 台大天线。

不仅如此，在 60 年代后期，澳大利亚与英国科学家合作，共同发明了一种新型的"长基线干涉测量"技术。他们使用这项新技术，第一次把基线扩大到了 100 千米，从而第一次获得了可与光学仪器资料相媲美的结果——分辨率达到了光学望远镜的极限1″。

在此基础上，他们又进一步发明了"甚长干涉仪"（VLBI），通过原子钟和电脑来替代联结的基线，于是作为干涉仪的射电望远镜，就可以将距离任意扩大到地球上的任何两地。70年代英、澳再次合作，实现了相隔13000千米的干涉测量；1981年我国与德国也成功地进行了类似的工作，在50多个小时中，一起观测了十几个类星体，获得了满意的资料，其分辨率高达0.002″！这是一个难以想像的微角：如让5个人瓜分一块蛋糕，每人得到的一片是中心角为72°的扇形，而0.002″则是让6.5亿人来平分蛋糕时，每人所得到的那一小片——如果你有这样的本领来分的话。这已经把光学望远镜远远抛在了后面。1994年美国建成的一个甚长基线阵是由10架直径为25米的大天线组成的。其他国家也在纷纷效仿，预计到21世纪初，全世界将有45台直径25米以上的天线加入"甚长基线网"。进入了太空时代以后，原则上还能让"基线"进一步移到其他的天体上，以使分辨率还可继续大幅度提高，如1997年2月，日本将一架直径8米的天线发射上天，由于其远地点达21250千米，于是与加拿大的仪器组成了"甚长基线干涉空间天文台计划"（VSOP），使其分辨率达到了万分之几角秒，因而前景十分诱人。

这种新技术获得了众多光学观测无法想像的高精度资料，最为轰动的就是发现了类星体中的"超光速现象"；天文学家还能依赖它来研究遥远星系的星系核，从它们的精细结构中发现它们的活动状况；反过来，它甚至可以进行精确的大地测量——1992年10月，上海天文台台长、中科院院士叶叔华女士，对来访的日本明仁天皇说了一段话，其大意是：最近中日两国学者共同测定了上海与东京之间的距离，发现它们每年缩短5厘米——这个惊人结论也是来自于这种技术。

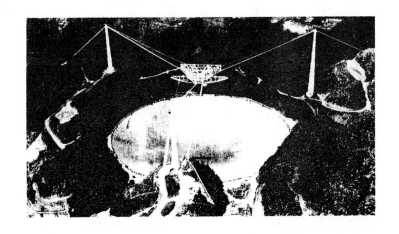

图 5 - 1 利用火山口建成的世界最大射电望远镜

    当然，甚长基线技术只能提高其分辨率，对于另一个重要的特性——灵敏度——毫无帮助，这取决于天线的大小，因而制造大直径的天线仍是十分需要的。目前世界上最大的天线是美国建于波多黎各的那台阿雷西博 305 米的巨型天线（图 5 - 1），由于它是利用了一个天然的火山口改造而成，所以基本上是无法转动的固定式；能够自由运转的"巨无霸"是德国马克斯·普郎克射电天文研究所的 100 米大天线。

甚大阵的贡献

    射电望远镜确实有许多光学镜无法比拟的优越性，但它同时也有让人感到缺憾之处，因它所获得的资料是一些常人看不懂的曲线，需要通过仪器才可解读。能否也让它转化为更加直观的图像呢？

    受到电视的启发，英国射电天文学家马丁·赖尔发明了这种变曲线为图形的"综合孔径射电望远镜"，1960 年的这一重大突破，使他与休伊什分享了 1974 年的诺贝尔物理奖。

综合孔径射电望远镜的原理相当简单：用两架天线观测同一天体，将其中之一固定，另一架作巡回扫描，再用电脑进行专门处理，就可实现这种奇妙的转换。扫描得越细，所得的图形也就越清晰。当然，在实际观测时，人们并非只用两台仪器，因谁也不会有那么好的耐心——描一张小小的太阳像要等上一二天。因而在实际应用时，总要动用若干架仪器联合行动。如英国穆拉射电天文台的几架综合孔径射电望远镜中，最大的"5 千米望远镜"是由 8 台天线组成的，每台抛物面的直径为 12.8 米，它们排列在以前的一条从牛津到剑桥的旧铁路上，其中的 4 台的位置固定不变，它们的间距为 1.2 千米，另外的 4 台则在其间不住的来回移动，最后所得的结果可与一架直径达 5 千米的仪器相当，分辨率高达 2″。

我国北京天文台密云站的仪器现在也改成了综合孔径：在原先的基线上，延长到 2 千米，并增添了 8 架天线，也取得了很好的效果。

当代世界上最大的综合孔径射电望远镜称为"甚大阵"(VLA)，它位于美国新墨西哥州。在一个海拔 2000 多米、人烟稀少的荒漠中，有一个圣·奥古斯汀河谷，甚大阵就耸立其间。那儿气候干燥，没有高大的树木，遍地都是大大小小的砾石，后来考证发现，这儿还是古印第安人居住过的遗址。

甚大阵的建造一共耗资 7800 万美元，历时 20 多年。它包括有 27 台结构完全相同的大型天线，每台的直径为 25 米，自重 210 吨。它加工精良，还能抗风防冻，即使在七八级以上的大风（风的时速为 60 千米）中，它们同样可正常工作；哪怕天线上挂满了冰棱，仍可抵御时速 100 千米的飓风，仍可沿着水平和垂直两个方向运转自如。27 个庞然大物排成一个"Y"形，三条铁轨铺成的基线互成 120 度交角，分别长 21、21、19 千米。其宏大的气势令人惊叹，为了降低仪器中的噪声，其电子系统一直处于零下257摄氏度的超低温状态。

更让人惊讶的是，这样一个一眼望不到边的超巨型仪器在"开机"之后，平常只要区区2个人就能工作了，其中一个是"观测手"，另一个为计算机程序员。前者可端坐在封闭的控制大厅内，用电脑进行指挥与监控，他只需根据天文学家事先提出的要求，偶尔敲击几下键盘、查看一下仪表。因为在电脑的操纵下，27台天线会有条不紊地自动运作。

甚大阵在同一时间内可以接收到的干涉信号多达351种；当使用6厘米的波长作观测时，可在几个小时内，得到所观测的射电源的图像，其精细度超过了一般的光学镜，分辨率达0.6″，所得的资料还可同时保存在磁带上。

对于那些具有复杂结构的射电源，甚大阵的优长更发挥得淋漓尽致。实际上，大约有40%的（河外）射电源，都有双核或多核结构，而且往往其中有一个是类星体；例如它曾发现在3C111的一对双核之间，还有一个奇特的双核源，它们又在飞快地分离开来，一些星系核的爆发、"超光速"的发现，都不能忘记它的功劳。

尤其值得称道的是，甚大阵是对全世界开放的，自1981年投入使用以来，它已接待了许多天文学家，得到了众多重大的发现，为射电天文学的发展做出了巨大的贡献。

寻找"宇宙友谊"

自古以来，人类一直渴望寻找知己，但是星星远在天边，都在许多光年以外，即使是区区1光年，乘坐一般的宇宙飞船，一个单程恐怕也需要好几万年时间，显然用此方法是行不通的。无线电的发现、射电天文学的发展，使人们想到了运用"电报"。我们知道，它早在1833年时就由德国物理学家韦伯发明出来了，但人类第一份长距离传送的电报是由美国的莫尔斯于1844年实现的。这位原先是艺术家的工程师发明了"莫尔斯码",并用此在国会大厦当众把一个文件传给了几十英里(1英里＝1.6千米)之外的助手。14年之后,欧洲各国联合起来,给他颁发了40万法郎的巨额奖金。

只要"宇宙人"也发展起了科学文明,想必也会懂得无线电技术,这样,它就是最好的沟通方式。因为电波的速度少说也要比飞船快上1万倍以上,对那些距离不是很远的天体,我们就可以在有生之年得到确切的"回音",这岂非让人欣慰、振奋!电报的另外一个优点是费用低得出奇。我们知道,宇宙飞行是巨额资金的代名词,20世纪60年代时,1千克物质上天的平均费用是200万美元;70年代虽已降至1万以下,但要飞出太阳系去宇宙深处,其经费仍然十分惊人;而发一份60个英文单词的电报,即使要传至10光年的地方,其成本不过区区10美分!恐怕还买不到飞船上的一个小零件。因而早在上世纪末,美国物理学家特斯拉就提出,可以用无线电来与其他行星进行联络……

特斯拉的理想终于在1974年得到了实现,那年的11月16日,世界最大的阿雷西博射电望远镜扩建成功,就在这庆典仪式上,天文学家用它向太空发出了人类第一份邀请"宇宙人"的电报。

由于它无法转动,至多只能"见到"头顶上那一小片天空(直径20多度),所以电报只能发向一个名为"M13"的球状星团,因它当时正在那个方向上。发向星团的好处是可以"广种薄收",M13中至少包含有30多万颗恒星,倘若星星上发展出高度文明的概率为30万分之1,那么,这份电报就可以取得预期的效果了。当然,世上很少有万全之事,M13离开我们太遥远了,据测大约有24000光年!所以即使"M13人"也是充满激情,收到来电后能立即破译、马上回电,但那也是在48000年后的事了——谁能等到这一天呢?

发送这份独特的电报的波长为 12.6 米（230 兆赫），信息量为 1679 "比特"（这是信息单位，二进制计量）——实际上就是 1679 个 "0" 和 "1"，它们排成 73 行，每行 23 个字符。发报的时间一共 3 分钟。但在此 3 分钟内，波束中的有效能量竟是整个地球目前发电总功率的 10 倍，在这波束的方向上，信号亮度比太阳强 1000 万倍，难怪天文学家十分自豪地说：在这 3 分钟内，我们是银河系中最亮的星球！

可能有人会问，为什么这电报要用 0 和 1 的符号，不用英文或其他别的什么文字？这是因为，生命虽有其普适性，只要满足一定的条件，生命可以在任何时间、宇宙的任何角落内滋生、繁衍，进而发展起文明来。同时必须指出，生命又是极其丰富多彩的，地球上产生的人类这种模式并不是惟一的，也许也不是最好的，"宇宙人" 完全可能有我们无法想像的形态，当然它们也不可能了解人类目前使用的任何语言了。但科学家认为，只要是文明世界，科学是有共性的，数学、物理学就是将来最好的沟通工具，0 与 1 这种计算机语言也是最好、最简明的语言。

负责这计划的德雷克博士曾经在一次天文学的学术会议上做过一次测试，他未加任何解释，就把这份 0 和 1 组成的东西发给与会者，结果是大多数人很快就把它解读了出来，其实，只要把电文中的所有的 "0" 全部涂黑，就会出现一些卡通式的图形，加上其他的知识，就能得到其中所表示的各种丰富的信息了。

1999 年 4 月，人们通过乌克兰的那架大仪器进行了人类第一次有实际意义的 "星际广播"，主要对象是 4 颗离我们 50～70 光年的与太阳类似的恒星，同时，它的强大电波还能穿过它们到达银道面上，以便让更多的恒星亦有机会……

第四节　红外天文学的新发现

意料之外的收获

公元 1800 年，62 岁的英国天文学家威廉·赫歇耳在用温度计测量太阳光谱内各个波段的热量，有一次他偶然一个疏忽，忘记了及时移动（太阳在空中东升西落）温度计，以致时间一长，它已不在光谱中了。赫歇耳正要责怪自己，可哪知一看，躺在光谱外的温度计上的温度反而更高了一些。仔细一想，原来这温度计虽无阳光直接照着，但实际上还处于光谱的红外端。这一意料之外的发现使他非常高兴，3 月 27 日，他在皇家天文学会发表的演说中指出："在太阳的辐射热之中，至少有一部分是由不可见光——请允许我用这样一个名词——组成的。"

赫歇耳这儿所说的"不可见光"，实际上还只是红外光（或称红外线）。现在知道，从广义上讲，从射电到 γ 射线，除了一小段可见光外，其他都可称为不可见光，红外光仅是其中之一。最早企图把它用于天文观测的是英国的罗斯伯爵，1869 年他企图用此来测量月球的红外辐射，但因技术上的原因，当时的试验未能成功。

红外光迟迟不为人所知也有其客观原因——地球大气层把绝大部分红外光都拒之门外，仅允许七个小范围波段的红外光可以有部分到达地面。所以地面上的红外望远镜都要建在高山上。目前世界上较好的红外望远镜，几乎都集中在美国的夏威夷岛，那儿有一座 4205 米高的莫纳克亚死火山，岛上风景优美，气温宜人，空气洁净，交通方便，晴夜甚多，是最理想的红外天文基地。

由于一般天体的红外辐射比较微弱，因此，通常的红外望远镜应有较大的口径和较长的焦距，而且还应有多层镀膜，以保护镜面不被红外线损坏。更为关键的是，必须有很好的制冷设施，让它始终处于极低的温度（零下 200 多摄氏度）之下。

应当说明的是，用红外线观看的世界与通常肉眼所见的一切有很大区别，随便举个例子：冬天一场大雪之后，银装素裹，一片洁白，如若此时跑来一条黑狗，那真是黑白分明，极其醒目；但如用红外光来看这一切，却变为在黝黑的大地上有条白狗在奔跑……因为在红外图像中，物体的亮暗与它们的温度成正比，黑狗的体温比冰雪高得多，所以变成了白色。

除了早期建成的几架红外望远镜外，80 年代后，这儿又耸立起两台口径达 10 米级的"凯克"望远镜——凯克Ⅰ、Ⅱ，前者从 80 年代开始研制，到 1992 年完成，共耗资 1.3 亿美元；后者也在 1996 年正式投入使用，大致也耗费了 7000 万美元。

建造凯克镜的故事完全可以写一本长篇小说。它的设计师是美国天体物理学家杰里·纳尔逊，实际上，他早在 1977 年就在为此而奋斗，他也确实做出了许多独创性的改进。例如，为了减轻望远镜的重量，他把镜头设计成多镜面式——其镜头是由 36 块正六边形曲面拼成的，每块曲面镜的直径为 1.8 米、重 400 千克。但仅是设计这个六边形的凹面的具体形状，就让他花费了足足 2 年时间。在磨制完成并通过了最后的检测后，每一块分镜头都是由一辆专用汽车装运上山，在山上进行现场安装和调试。所以最后的成品，10 多米的镜头总厚度不超过 10 厘米，总重量还不到 18 吨。与此相比，前苏联 70 年代所制造的 6 米镜是厚 65 厘米、重 42 吨。

36 块分镜头的要求甚高，所以一共研磨了 6 年之久，装配成后，每一块六边形的下面都装有最先进的"传感器"，能够自动纠正超过微米级别的误差。1990 年，它刚装好九片时，人们就用它作了试验性的观测，拍摄了第一张天体的照片，得到了众口交赞的好评。

两架凯克镜既可独立工作，在装上光学干涉仪后又可协同联测，这时其分辨率高达 0.005″！超过了在太空中的"哈勃"望远镜 20 倍。还要说明的是，红外与可见光相差并不太远，所以，只要稍加上一些附件，它就也能作光学观测。目前世界上大多数的红外望远镜都是可以兼作光学研究的。

真是"酒香不怕巷子深"，莫纳克亚得天独厚的优越条件，引得了许多国家天文学家的青睐，甚至连日本也决定要在那些儿建造一台"昴星团望远镜"……

地外行星的发现

夏威夷条件再好，也没能彻底摆脱地球大气层的阻碍，所以，红外天文学的真正里程碑是"红外天文卫星"（IRAS）的上天。

早在 20 世纪 20 年代，人们就在努力冲出地球的大气层，把一些红外望远镜装上气球，让气球升到高空去作天文观测，也取得了一些可喜的成果。但由于气球很难进行控制，上升的高度也有限，所带的仪器不能过大（最大为 1.22 米），在高空滞留的时间也不会太长，让人们总有一种难以尽兴的缺憾感。

第一颗"红外天文卫星"是美国、荷兰、英国联合研制了 15 年的结晶，它的外形大致呈圆柱体，直径为 2 米，高约 3.58 米，重 1 吨多，于 1983 年 1 月 25 日升空，沿着太阳同步极地轨道运行，离地面 900 千米，绕转周期为 103 分钟。卫星上最主要的仪器是一架口径 60 厘米的红外望远镜，它重 760 千克，在茫茫太空中，它的威力比地面上的同类望远镜大 1000 倍。

卫星在连续巡天的同时，还可对一些特定的目标作定向观测，每天巡视的红外源多达 1 万余个（此前这么多年来，地面观测总共才知道 2 万个），它在一年中发现的新天体竟有 50 万之多，以致让人无不刮目相看。

事实上，凡是不处于绝对零度（约 –273 摄氏度）的物体，都有红外线发射出来，因此，它所发现的那些红外源，实际上包含有多种不同的天体：行星、小行星、卫星、彗星、星云、红矮星、原恒星（正在形成中的恒星）、红外星系、银河系中心甚至还包括了类星体……所以，它发现了许多地球上不易看见的彗星、小行星、原恒星……

在众多发现中，最值得一书的是，它发现了第一颗"地外行星"。明亮的织女星（天琴 α）有一个明显的红外源，经研究分析，多数天文学家认为，这很可能是绕织女星旋转的一个较大的行星系统，大小范围为 80 "天文单位"（天文单位大致是地球到太阳的平均距离，约为 1．5 亿千米），总质量与我们九大行星之和相当。尽管多少年来，科学家们坚信"天外有天"，相信地球不会是宇宙间惟一的生命绿洲，但从来没有任何的观测依据，甚至哪怕一点蛛丝马迹也从未有过，红外天文卫星的这一发现真是石破天惊，成为轰动世界的头号新闻。而且，一炮打响后，好消息也就接踵而来了，不久它又发现南鱼 α（中名北落师门）、蛇夫座内的"沃尔夫 630"等都有其行星。尤其是沃尔夫 630，它本身包含有三颗恒星 A、B、C，其中 C 星又称"VB－8"，在离它 5 天文单位处，就有一颗行星，行星的质量与我们的木星相当，表面温度为 770 摄氏度左右。

红外观测的关键是保持低温状态，事实上，它的设备都浸在零下 272 摄氏度的液氦之中，该卫星上的液氦有 73 千克，但在太空中挥发很快，所以它实际上的工作时间比设计寿命 1 年还短——仅 10 个月。

1995 年 11 月，欧洲空间局发射了一个"红外空间天文台"（ISO），这个价值 6 亿美元的卫星，虽然所带的红外望远镜的口径仍为 60 厘米，但很多性能都有了较大的提高，其灵敏度可以测出 100 千米之外，一个人手掌中的一块冰所释放出来的热量。所以它也有众多的发现，尤其是它让人知道了在猎户座中的那颗粉红色的"恒星",原来只是一团巨大的气体云,该云每天喷发出的水汽相当于地球上所有海洋中水的 60 倍。因同样的原因,它在太空中也只为人类工作了 18 个月。

1999 年 3 月,美国又发射了一个"宽视场红外探测器"(WIRE),本来人们对其寄予厚望,可哪知,这个重 225 千克、造价 7900 万美元的卫星,在到了预定的轨道后,其镜头盖子提前打了开来,被阳光直接照射到了仪器上,使冷却系统出了问题——作为冷却用的固态氢迅速气化、泄漏,尽管科学家们作了最大的努力,采取了许多措施,可终究回天乏力,只能眼睁睁看着它成为一堆无用的"太空垃圾"。

第五节　X 射线天文学的诞生

与众不同的探测器

凡去过医院、做过体检的人,对于 X 光(X 射线)一定不会感到陌生。X 光可以透过血肉之躯,找出患者体内的病灶,使他们得到及时的医治。但在 100 多年前,它却是一个"幽灵",它的发现也来得十分偶然。1895 年 10 月,德国物理学家伦琴在实验室研究一种"阴极射线"时,在暗室中意外地发现了一种神秘的幽幽绿光,它能穿透一般物体,能使黑纸密封着的照相底片感光……12 月 28 日,他在一次学术会议上宣读了有关的论文后,当场展示了用它所拍摄的他夫人的手骨照片,顿时全场为之轰动。由于谁也不知道这是什么光,只得姑且称之为 X 光——这个名字也就沿用到今天。

X 光的广泛应用使伦琴荣获了 1901 年首届诺贝尔物理奖。现在大家都已懂得,X 射线其实也是一种电磁波,与射电、红外、可见光及紫外线都没有本质的区别,所不同者,只是波长或能量而已(表 5-2)。

表 5-2　各种电磁波的波长或能量

名称		波长	名称	波长或能量
射 电	米波	1~30 米	可见光	400~700 纳米
	厘米波	1~100 厘米	紫外线	10~400 纳米
	毫米波	1~10 毫米	X 射线	0.01~10 纳米或 $10^2 \sim 5 \times 10^5$ ev
红 外	远红外	25~1000 微米	γ 射线	<0.01 纳米或 $<5 \times 10^5 \sim 10^9$ ev
	近红外	0.7~25 微米	高能粒子	$>10^9$ ev

　　但是，由于地球大气的阻挡，天体的 X 射线一般无法抵达地面，所以科学家们最初只能借助于高空气球及火箭进行研究。最早的尝试是在 1948 年，美国天文学家首先利用高空火箭获得了太阳的 X 射线辐射的资料，可是在以后的几次试验中却都是徒劳而返，弄得那惟一的资料也让人不敢当真。它真正成为一门科学是在 1962 年 6 月 18 日，美国和意大利的天文学家在研究月球反射的太阳的 X 辐射时，意外地发现了太空中一个 X 射线源——天蝎 X-1，现在人们一致认为，正是此事揭开了 X 射线天文学的序幕。

　　因为 X 射线的能量很高，通常的反射望远镜无法使其聚焦（它会穿越玻璃或被玻璃吸收掉），可能正是这个因素，才让人们不易得到来自天体的 X 辐射。现在人们知道，X 射线实际上还应再分成软、硬两类，它们的分界线是 0.1 纳米（对应的能量为 1 万 ev）。对于波长大于 0.1 纳米的软 X 射线，还能用"掠射 X 射线望远镜"和"X 针孔成像计"来对付，1960 年 4 月美国的布莱克等人就用了后者（针孔的直径仅为 0.127 毫米），得到了世界上第一张太阳的 X 射线照片，并且从中算出了其间的能量比相应的可见光小 2 千亿倍！经改进后的太阳 X 光像，它的分辨率居然也达到了 1′。对于能量更高的硬 X 射线，就只能用"粒子计数器"、"闪烁计数器"等特殊仪器了，粒子计数器通常是制成一个"薄窗"，窗口是一张厚只有2.1微米的钛箔；闪烁计数器则是利用荧光现象的粒子探测器。用多个闪烁计数器互相组合，也可制成"X射线望远镜"，不过，这种"望远镜"只是一个名称而已，它根本不能成像，还是通过计数得到的粒子数来表示其强度。这种仪器的方向性很差，因而探测的结果有时很难进行深入的分析。

尽管如此，人类进入了太空时代后，X射线探测器还是飞速发展起来，我们不妨作个横向比较：光学望远镜从伽利略1609年开始使用，到1948年美国的5米望远镜在帕洛玛山上落成，300多年使光学的观测能力提高了大约100万倍；但X射线天文学从1962年诞生起，到1978年"爱因斯坦天文台"升空，X射线的观测力大致也提高了同样的倍数，可它所花的时间只有短短16年！

X射线天文学的成果

在人造卫星上天之后，X射线天文学也就蓬勃发展起来，专职研究太阳的有：美国的"天空实验室"（SL）、"轨道太阳站"（OSO）、部分"探险者"（EXPLORER）……专门探索太阳系之外的，除了美国的"小型天文卫星"（SAS）、"高能天文台"（HEAO）、部分"探险者"外，还有前苏联的"质子号"、部分"宇宙号"，荷兰有"荷兰天文卫星"（ANS），此外还有多国合作的"天卫－5"、"信号－3"及"伦琴卫星"（ROSAT）等等，1995年日本也加入了这个行列，发射了一颗"X射线天文卫星"，真是繁花如锦，不胜枚举。X射线天文学也就蓬勃发展起来，所以有人说，20世纪60年代是射电天文学的黄金时代，但70年代的主角应是"X射线天文学"。

在有关太阳的探测中，最大的成果是发现了太阳的"冕洞"。这是太阳高层大气研究的一项重大突破，日面上空的这些空洞，实际上是密度和辐射都比较小的区域，冕洞的面积约占日面的1/5左右，寿命平均为半年上下。冕洞也是"太阳风"的真正"风源"所在，地球上出现的周期性的磁扰，也是冕洞在作怪。

1990年6月上天的"伦琴卫星"是以德国为主，美、英参与的新型仪器，它的灵敏度又比爱因斯坦天文台提高了100倍，可称得上是X射线天文学上又一个里程碑。这个外形颇像一本厚书的探测器，在8年多时间中测量了90%的星空区域，发现的X射线源多达6万多，目前已经确证出本质的也有几千个之多，在银河系外的包括有：（1）正常星系；（2）活动星系（时有剧烈爆发等活动的星系）；（3）类星体；（4）星系团；以及（5）背景辐射。

位于银河系之内的X射线源似乎更是五花八门，我们银河系本身，尤其是其中心（银心）就有较强的X射线发出，除此之外，它们有以下几种可能：（1）超新星遗迹。观测表明，所有的超新星遗迹都是强X射线源；（2）X射线双星。这是一种子星中至少有一个是致密星（白矮星、中子星及黑洞）的双星，有关卫星曾从它所发出的强X射线中，推断出另一子星的物质向致密星坠落的景象；（3）X射线脉冲星。脉冲星本是由射电发现的天体，但PSR0531+21却同时又在发出X射线的脉冲，其他实际上都是X射线脉冲双星，而它又创造了一次让天文学家问鼎诺贝尔奖的机缘；（4）X射线新星。它又称"暂现X射线源"，它会像新星那样突然爆发，只是爆发的能量大多在X波段而已。1999年"伦琴卫星"发现了远在2500万光年之外的一次"迄今为止最强爆炸"的超新星爆发，其规模之大让人用了"超超新星"来形容，从它的X射线强度推出，这次爆炸所产生的能量比以往的超新星还要大10多倍；（5）X射线暴。它们直到1975年才为人们发现，在不到1秒钟的时间里，X射线的强度会猛增20~50倍，并持续几到几十秒时间，而且某些"暴"还会很快再度出现……（6）最后的一种就是可能会让人"想入非非"的黑洞！如前所述，黑洞本身不会产生任何辐射，叫人对它束手无策，但因它具有强大的引力场，周围的物质向其坠落时就会发出X射线，因此，有人认为X射线源可以成为寻找黑洞的"引路人"。而目前人们所知的不少黑洞"候选者"的确大多由此而来。

1998年，美国航天局又发射了一个"高级X射线望远镜"（AXAF），上面还配备了先进的"电荷耦合器"（CCD）及"成像光谱仪"等先进设备。可以预计，不久的将来，它必然会为我们送来一个又一个的好消息。

第六节　前景辉煌的γ射线天文学

众所周知，放射性现象是英国物理学家卢瑟福首先发现的，他当时用α、β、γ来表示有三种性质不一的射线，其中γ射线所带的能量最大。现在人们已经证明，它也是电磁波之一。宇宙中也有多种天体会有γ射线发出。1958年有人指出，至少如超新星之类的天体会有较强的γ射线辐射，而且，这种辐射本身必然还带有该天体内部的宝贵信息，从而提出了"γ射线天文学"的概念。

尽管γ射线天文学的起步并不比X射线天文学晚，但由于观测上及仪器上的困难，使它的发展目前很难与X射线天文学相提并论。γ射线所携带的高能量使它更加无法成像，所以有关卫星上的γ射线探测器，都是那些陌生的"火花室"、"粒子计数器"之类研究基本粒子时所用的仪器，它们只能记录下γ射线的强度，因而所得资料甚少。

虽然，最早的天体γ射线资料出现并不迟，1958年人们已经得到了有关太阳的γ射线资料，可它十分粗糙，只是说明了太阳有γ射线发出而已。13年之后，美国发射了"轨道太阳观测站－7"卫星，正是靠了它的努力，人们才于 1972 年 8 月间，得到了两次有关太阳活动发出的 γ 射线。真正让它登堂入室的，则是 1973 年发生在太空中的一次偶然事件。

当时世界正处于冷战时代，两个超级大国虎视眈眈，军备竞赛有增无减。为了监视前苏联是否违约，偷搞地下核试验，美国从 60 年代开始，向太空发射了一系列"核爆炸检测卫星"——这 12 颗卫星又称"维拉"（VELA）。这些卫星重 136～260 千克，运行的高度在 9～12 万千米间。1973 年，"维拉"意外地收到了一次 γ 射线爆发，但经测定表明，它远在太阳系之外，故与前苏联无关。虽然爆发的时间很短，但换算下来，其能量高达 10^{32}～10^{33}瓦——是太阳总能量的几十万至几百万倍！如此惊人的能量当然不能等闲视之，于是，γ 射线天文学也就应运而生。

γ 射线爆发总是那么惊天动地，1979 年 3 月 5 日，卫星上记录到了一次历时只有 0.1 秒的 γ 射线爆发，这曾经是当时许多报刊的头号新闻。因为那时天文学家认为，由于该爆发源远在大麦哲伦星系内，所以换算下来，它所释放出来的总能量高达 5×10^{37}焦耳——与 1700 亿个太阳相当，或者说，在短短的 0.1 秒钟内，它所发出的能量竟然抵得上 5000 多年间太阳的总能量，岂非要让人吓一大跳。

在天文学上，人们常把"γ 射线爆"记为 GRB 再加上爆发的时间，如"GRB 971224"就是发现于 1997 年 12 月 24 日的 γ 射线爆，那也是了不得的大爆发，同时被两颗卫星所记下：一是美国 1991 年发射的"γ 射线天文台"（GRO），另一颗卫星是意大利与荷兰联合研制的。而据称，这次爆发更胜于前次，以致美国天文学家形容它是"宇宙中发生过的最强的爆炸，"他们说，"有那么一二秒钟，它至少有 10 亿个银河系那么亮！"甚至还有人说："在它周围 200 千米的范围内，出现了宇宙大爆炸之后千分之一秒的早期宇宙环境。"——与此相比，1979 年的那次爆发（GRB

790305），只在 1/10 秒钟内与一个银河系相当而已。我们真要额手相庆，多亏它位于 120 亿光年的宇宙边陲，如果发生在我们的银河系内，那末，整个太阳系也就可能会从此不复存在了。

正因为 γ 射线天文学发展比较缓慢，那些 γ 射线天文台或相关卫星就能大有作为，尤其值得一提的是，上述美国的"γ 射线天文台"，它与"哈勃太空望远镜"（HST）、"高级 X 射线望远镜"（AXAF）及"红外天文卫星"（WIRE），合称为空间探测的"四大天王"。这架重 17 吨的 γ 射线天文台耗资达 6．2 亿美元，另外，要维持它正常运行的费用是一天 8.2 万美元。代价不菲，但成果是巨大的。它上面的 4 台主要仪器重达 6 吨，所有的设备既可各自为战，又能联合行动，乃是人类第一台同时具有光谱和定位能力的 γ 射线探测器。正是它这种优越的性能，才使"GRB 971224"能迅速得到确切的结论（而"GRB 790305"当时就有很大争议）。再说，它上天后，先用了 1 年多的时间绘出了一幅全天 γ 射线天图，使人们所知的 γ 射线源猛增了几十倍，新发现至今还时有传来。

它的成功也使美国航天局雄心勃勃，他们准备马上着手把一台更高级的"高能瞬态实验装置－2"（HETE－2）送上太空，在 2005 年则有发射"γ 射线大范围太空镜"（GLAST）的计划……让人见到了它那光辉灿烂的前景。

新世纪天文学的展望

　　面临世纪之交的今天，天文学也必然会更加焕发出"青春"的活力。它不仅会更加深入我们的日常生活，而且在探索太空的活动中将发挥更为重大的作用。人们将更加不遗余力地探寻心往神驰的"宇宙人"，并可能获得突破性的进展；更重要的是，地球有限的资源由于人类过去无计划掠夺性的开采，不久就有面临枯竭的危险；而人口的急剧增多、环境污染日益严重，将使人类的生存环境受到威胁。我们除了携起手来，采取一致的步骤逐步解决这些问题外，还必须从地球以外及时寻找出新的资源来源，或者应当向其他星球移民，因而天文学所负的责任将越来越重⋯⋯

第一节　"宇宙人"在哪儿？

先驱者的名片

　　英国一位著名天文学家沙普利曾这样赞扬生命："生命是广泛存在的，它是宇宙演化的自然产物。"美国科普大师阿西莫夫曾就此做过仔细的计算，仅在我们的银河系中，就可能有32500个星球上会有与我们相当的文明。在科学昌明的今天，宇宙间存在着智慧文明的"宇宙人"，几乎早已是所有人的共识。但"宇宙人"是什么模样？它们如何生活？秉性是善是恶？茫茫宇宙如此浩如烟海，我们应当去寻找他们吗？我们能找到他们吗？怎样才能找到他们呢？

人类渴望寻找宇宙"知己"。早在 70 年代初，美国航空航天局（NASA）的科学家就把寻找"宇宙人"的任务列入了议事日程。因此，他们在以探测木星、土星为目标的两艘无人探测器"先驱者 10 号"和"先驱者 11 号"（见表 6-1）的天线支柱上，

表 6-1　两艘先驱者概况

探测器名称	发射时间	到达木星的时间	到达土星的时间	今后去向
先驱者 10 号	1972 年 3 月 2 日	1973 年 12 月 4 日	越过其轨道	35 万年后与罗斯 248 星相遇
先驱者 11 号	1973 年 4 月 6 日	1974 年 12 月 3 日	1979 年 9 月 6 日	正朝天秤座飞去

都装上了一枚人们精心设计的镀金铝片。这就是闻名于世的"地球名片"，它长 9 英寸、宽 6 英寸（相当于 23×15 厘米）面积并不大，但却有极其丰富的内涵，它的设计者是著名天文学家卡尔·萨根，那位行星专家曾在 1991 年被美国公众评为世界上"最聪明"的人。可惜的是，这样一位了不起的智者因骨髓癌并发的肺炎而于 1996 年与世长逝，当时仅只 62 岁。

这块代表地球人类迫切寻找知音之心的"名片"（见图 6-1）设计得十分巧妙：一对裸体的男女站在最显著在位置上（这是萨根的妻子琳达亲自绘制的），其中那位男子还微举右手，带着微笑，表示对"宇宙人"的欢迎，人体的大小比例正巧与宇宙飞船的天线（即那男子身后的那个弓形）比例相同，而这个大弓形同时还代表了飞船的形状，这等于告诉他们，地球人已经掌握了凸透镜能够会聚光线等丰富的光学知识。"名片"左半面的中央有 14 条长短不一的射线（由特殊的虚线所组成），它们表示了迄当时为止，人类所知的 14 颗脉冲星以及它们的方位和离太阳（也是离地球）的远近，虚线的点子则可表示它们的脉冲周期。

在其左上方有两个小圆圈，这是在告诉"宇宙人"，地球人已经
了解到氢分子是由两个氢原子组成的；而左下方的那个比较复杂
的图案则是人类在"自报家门"：那个最大的圆圈代表了太阳，
而这个飞船则来自太阳系的第三个星球（即地球），那带箭头的
曲线就是它们的飞行路线。从中不难看出，它们的任务是去访问
木星和土星……总而言之，"名片"上所包含的各式各样的有关
天文学、物理学、化学、数学等知识，已可让有高度智慧的"宇
宙人"在截获它后，解读出地球人寻求宇宙友谊的迫切之情，并
根据上面的那些信息，可以顺藤摸瓜找到地球上来……

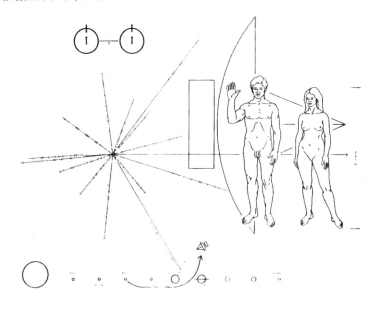

图 6-1 "光驱者"飞船上所带的金属"名片"

1990 年 8 月 "先驱者 10 号" 以 11.3 千米/秒的巨大速度冲
出了太阳系，成为人类第一位"宇宙游客"。1997 年 3 月 2 日，

正值它上天 25 周年之际，美国航天局的一位官员宣布，位于96.6亿千米之外的人类"信使"已经完成了它的历史使命，尽管它上面的 11 台微型热核发电机至少还有一台在工作着，地球上也还能勉强收到它那些微弱的信号（强度只有十万亿分之 4 瓦），但科学家仍然将于 3 月 31 日切断与它的一切联系……

25 年来，它为人类送回了 300 多幅木星及木卫的近距照片，让人领略了神秘的异域风光，所发回的珍贵信息达 1300 亿比特——相当于 150 套大英百科全书。更主要的是，它的成功极大地推动了以后的寻找"宇宙知音"的工作。

"地球之音"在太空回荡

其实，谁都明白，风尘仆仆的"先驱者"虽有着较先进的设备，但宇宙茫茫，无际无沿，它们能与"宇宙人"邂逅的可能性实在是渺茫得很，世界上哪里会有这样的巧事呢？这只是聊胜于无罢了。但科学家是从来不怕艰难的，哪怕只有万分之一、亿分之一、亿亿分之一的可能，他们也不会放弃努力。天助他们的是，1982 年正巧有两次千载难逢的"九星联珠"的绝好机会，因此，美国航空航天局的科学家实施了巧夺天工的"旅行者"计划。

该计划包括两艘同样装备的无人探测器："旅行者 1 号"、"旅行者 2 号"。正因为有联星的机遇，所以它们就能实现"一船多星"的目标。尤其是发射于先的"旅行者 2 号"，它不仅拜会了木星和土星，而且还探测了天王星、海王星（见表 6 – 2）。而这后两颗行星是人们发现后一直所知甚少的天体，它们所获得的有关资料曾使天文学家狂喜不已。

表6-2 旅行者飞船概况

探测器名称	发射时间	到达木星的时间	到达土星的时间	到达天王星的时间	到达海王星的时间	今后去向
旅行者1号	1997.9.5.	1979.3.5.	1980.11.12.	1987越过其轨道	1990年越过其轨道	14.7万年后可能遇一恒星
旅行者2号	1997.8.20.	1979.7.5.	1981.8.23.	1988.1.24.	1989.8.24.	30万年后可能与天狼星相遇

两艘旅行者的外形、重量乃至结构，都完全相同：发射时的总重量为2吨，但到太空后仅有816千克。里面的各种仪器（有11类之多）重113千克。其总造价高达3.5亿美元。旅行者的形状为十棱柱形，上载一个高增益的抛物面天线，其直径达3.7米，而它的朝向能始终一直对准我们地球，它的外面还有一个13米长的、可以自动调节长短的玻璃钢网络架，网络架的顶端装有两台专门用来测定磁场的专用设备。

这两艘宇宙飞船在完成了预期的探索行星与相关的卫星的任务以后，当然也必然会飞出太阳系。可是，宇宙空间实在太大了，它们之间的距离都是以多少光年计算的，而哪怕是1光年，现在的宇宙飞船至少要飞上好几万年，例如"旅1"大约要不停地飞上14.7万年，才有遇上其他恒星的可能；而"旅2"或许要苦苦等上更漫长的岁月——大约要在30万年之后才能抵达天狼星的"领地"。任何人都不可能活那么长的时间，所以，只能寄希望于将来。说不定，在若干万年之后福星高照，它或许有幸会碰上"宇宙人"的某个宇宙飞船。为此，科学家在这两艘飞船上也放上了一份人类给"宇宙人"的见面礼：一张直径为305毫米的、可连续播放两个多小时、名叫《宇宙之音》的喷金铜唱片。当然，还附有能放这张唱片的特殊的电唱机（它有一个瓷唱头，一枚钻石唱针）。

《宇宙之音》以图像编码的形式，音像并茂地囊括了地球上各式各样有代表性的信息，其所有内容也是由萨根领导的一个专家小组精心选定的。它的正面是 90 分钟的声响：35 种大自然的声响（如风雨、波涛、流水、惊雷、鸟鸣、汽车的喇叭、火车的笛声等等）、27 首世界名曲（其中有一首为我国的古典乐曲《高山流水》）、60 个语种的向"宇宙人"问候的声音。在这些亲切的问候语中，有四种中国话——广东小姐的声音很甜："各位都好吗？祝各位健康平安快乐。"说普通话的是声音浑厚的男性："各位都好吧，我们都很想念你们。"糯软吴语说的是："祝你们大家好。"此外，还有一种是难懂的闽南语："太空朋友，你们晚餐吃过了吗？有空来这儿玩玩。"

在它的背面则是 116 幅经过专家们精心挑选的、能反映从人类起源到文明发展的照片，其中有地球的全貌、人体解剖图、林中雪景、超级市场、火车奔驰、发射火箭、宇航员在太空漫步……值得一提的是，其中第 80 幅是"中国人的家宴"、第 82 幅为"中国长城"。整个唱片的编码信号中包括的数据达 5 万亿个，相当于 6000 套大英百科全书。

由于采取了特殊的保护措施，它们能在太空中保留 10 亿年之久，只要在此期间内，有幸与"宇宙人"相遇，它们就能起到穿针引线的作用，为我们架起友谊的桥梁。

人类努力将永不停步

除了飞船外，人们自然也想到了用无线电（射电）来与"宇宙人"进行联络，一方面，人类也向太空发送过一些"请柬"，另外还实施了专门的"奥兹玛计划"：1960 年 4 月 8 日，美国天文学家把一架巨型天线对向了离我们仅 11.9 光年的恒星——鲸鱼 τ，几天之后他们又把它转向了 10.7 光年远的波江 ε，这是两颗与太阳十分相像的恒星，所以当时人们对于它们寄予厚望，希冀能够有幸听到"宇宙人"的喁喁而语……有趣的是，据说在工作了近 200 个小时后，他们也的确发现了 8 个很强的信号，当时有些人还因此激动不已。可是深入研究以后却让人气馁，原来它们来自地球上。

1972 年规模更大的"奥兹玛 II"又开始启动，由美国两个大学牵头，一起对 700 颗距离在 80 光年之内的恒星进行联测，他们使用了最灵敏的接收机开通了 384 个频道，几个月后，他们也曾筛选出了若干一时无法解释的"自转突变"信号，引起了一些人的极大兴趣。前苏联的几个天文学家甚至声称，他们在 1973 年已经"破译"了一个来自波江 ε 发来的"密电码"：——

AB——从此处出发；

BC——我们的家在波江 ε；

CDE——这是一对双星；

FG，GH——我们住在七个行星的第六个行星上；

CH，GH，JKL——请对向我们；

……

GQ，QR——我们的实验室此时正在你们的卫星（月球）附近……

现在 27 年过去了，已经到了地球家门口的"波江 ε 星人"却杳如黄鹤，看来，这也是那些痴情者一厢情愿的单相思而已。

尽管如此，国际天文学联合会还是在 1982 年做出决议，决定成立第 51 工作委员会，专门从事寻找地外文明的工作……这引人入胜的研究课题吸引了大批优秀的科学家，除了卡尔·萨根等外，还有些诺贝尔奖获得者也乐于加盟，如荣获 1976 年生理与医学奖的巴鲁克·布隆伯格便参加了成立于 1998 年的美国航天局天体生物学研究所。

在美国哈佛大学的保罗·霍洛威茨教授领导下，分别于 1985 年和 1992 年又开始了"META - 1"（太空多通道分析）与"META - 2"计划。尤其是后者，准备用 20 年时间，每年投入 50

亿美元来开展长期工作，可见人类寻求宇宙知音的决心是何等坚定不移。通过这么多年大海捞针式的搜索，虽然其间也有过一些"小浪花"，但大多都经不起推敲。因而在 1999 年，这位物理学家决定改弦更张，要把"倾听"改成为"观察"——专门寻找来自宇宙太空的那些神秘的闪光。他相信，一定会有许多"宇宙人"拥有高度的科学技术，它们同样会有寻觅"知音"的强烈欲望，因此，它们很可能会不断地向太空发射激光，以宣告自己的存在。正是基于这样的思路，他在校内建造了"橡树林天文台"以利用光学的手段来收集太空闪光，再用电脑来判别它们……

然而，"听"也好，"看"也罢，工作量实在大得惊人。即使用上了最好的电脑，每秒可进行 2000 亿次操作，但对源源不断的讯号仍是杯水车薪。为此美国科学家决定"发动群众"让凡人一起投入这项工作——利用一台上网电脑，就可以安坐家中来寻找那些"宇宙人"了。天文学家说，每个参与者都将得到一小部分来自天空的信息，在我们的银河系中，有着几千亿颗恒星，所以我们需要动员一切可利用的计算能力。

据该工程的一位负责人说，没几个月，前来登记要求参加者已经超过了 12 万人，他估计，最终的人数可能会达百万之众。毕竟人都有好奇心，人人都想知道，究竟有无"宇宙人"存在，到网上亲自去猎奇实在是一个绝妙的主意。

的确，从已经申报的 12 万人来看就可知此话不虚了，因为除了一些来自硅谷的电脑专业人士外，几乎包括了各色人等，甚至还有一个是菲律宾的儿童——年龄仅只 12 岁！真可谓是"后继有人"啊。

当然，也有一些学者包括诺贝尔奖获得者马丁·赖尔在内，对此很不以为然，前苏联天文学家什克洛夫斯基甚至断言：外太空不存在生命，至少在我们银河系内不会有！我还不相信银河系之外会有任何理性的、技术发达的高级生命存在；人类文明是一种罕见的事情，我们就是惟一的。

宇宙人的问题很可能在 21 世纪中就能水落石出，不管最后的结果如何，都将是科学界的一件大事，而且，其影响和意义将远远超出科学界。

第二节　谨防横祸天外来

千古一吻举世惊

1994 年震惊世界的一件天文大事莫过于"彗木大相撞"了。

我们知道，彗星是我们太阳系内一种奇特的"小天体"，即使是那些较大的彗星，其质量也不过几千亿吨（10^{14} 千克）而已，质量超过几十亿亿吨（10^{20} 千克）的特大彗星，简直是凤毛麟角，极其罕见。但它们的体态却又不小，在接近太阳附近时，因为受到阳光的作用，彗星会急剧膨胀起来，仅是它的"彗头"，动辄就会变成上百万千米，有的甚至比太阳还大，它身后拖着的长长彗尾能横亘天际，长达数亿千米。历史上，它那形态怪诞、摇晃变幻、来去无踪的身影，曾经多次让人惶恐不安，甚至闹得人仰马翻，社会不宁。"彗星即将碰撞地球，世界末日就在眼前"之类的"科学预言"，曾不止一次地搅得人们茶饭无绪，坐卧不安。可奇怪的是：尽管这种"狼来了"的警告已经不知有了多少次，每次人们在第二天一觉醒来，花儿总是照常开放，鸟儿总是依然飞翔，地球也是照样转动，从未有任何应验，可令人不解的是，至今仍会有人执迷不悟。

客观地说，彗星撞击天体是确有可能的。这条"狼"也确实于 1994 年到了我们的"老大"——木星那儿。那年 3 月 23 日夜，在美国著名的海耳天文台上，苏梅克夫妇与列维三人辛苦了一夜，就在他们即将结束工作、正要收拾行囊的时候，却在刚冲出的底片上见到了一位非同寻常的"不速之客"，这就是后来身价非凡的"苏梅克－列维彗星"（SL－9）。

"SL－9"原先也是一个绕太阳旋转的"其貌不扬"的平常客，可在 1992 年它飞越木星区域时，因与木星相距太近，而被木星那强大的引力（实际上是潮汐力）撕得四分五裂，变成了几十块碎片，形成了世界奇观——绕木星运动的"彗星列车"。接着，人们很快算出，这串长长的"列车"将于 1994 年 7 月间撞毁在木星上！

天文学家的计算真是分毫不爽，1994 年 7 月 17 日 4 时 15 分（北京时间，下同），在众目睽睽之下，此彗星列车的第一节"车厢"碎片 A，以 60 千米每秒的巨大速度，朝着天文学家"规定"的区域——木星南纬 44 度、著名大红斑东南的地方猛烈撞去。与后来的轰击相比，这第一撞或许根本算不了什么，因 A 块的直径只在 0.5～1 千米左右，但其所产生的能量已至少可与 1000 万颗"广岛原子弹"相当了。

其中最厉害的一击是直径约 3.5 千米的 G 块，它于 18 日 15 时 30 分对木星进行了第七次攻击：它所产生的烈焰一直升到了 1600 千米高，发出的能量足以与 3 亿颗原子弹相当，是 A 块能量的 30 倍，撞出的"疤痕"甚至比地球还大，那儿附近的温度一下猛然升到了 3～5 万摄氏度，当时产生的红外辐射之强，使得美国莫纳克亚山上的"凯克红外望远镜"不得不把 2/3 部分的镜头遮挡起来。

最后一块是 7 月 22 日 16 时 12 分 W 碎块。在这 5 天多时间内，21 次"轰炸"所释放的总能量高达 40 万亿吨 TNT 炸药——20 亿颗原子弹。平均每秒钟爆炸 4200 颗，而且由于撞击点都集中在大红斑的东南一隅，因而场面更加惊心动魄。尽管大多数撞击时，正好都发生在地球所看不见的那一面，总要等上几个小时，让它"转过身来"才能见到，但它给木星造成的创伤——那些明显的黑斑，历经数月仍然清晰可见。而且也有几次撞击正巧在朝向地球的那一面，加上"伽利略"飞船此时已经飞到了离它1.5亿千米的地方，因而，人们还是"亲眼"见到了这惊天动地的情景。

SL-9彗星终于香消玉殒了，但是如此壮观的景象却让人永远无法忘怀。

20世纪初的灾难

彗星对于木星的撞击不能不使人联想到我们地球，倘若这次挨轰击的不是木星而是地球，那坍天大祸岂非就是"世界末日"？

天体是从来不讲情面的，彗星的确也不会对地球网开一面。就在20世纪头一个十年，地球也曾受到过天体的猛烈一击。1908年6月30日清晨，印度洋上一个比太阳还明亮的巨大的火球越过了世界屋脊，以巨大的速度向东北方向疾驰而来，当时戈壁滩上的一支商队被它吓得跪拜于地，连连叩头祈祷不已。7时15分许，它已冲到了俄国贝加尔湖地带，随即就在通古斯地区原始森林轰然落下。猛烈的爆炸所形成的巨大火柱直冲蓝天，使方圆800千米之内的人都见到了这神奇的火光，甚至远在万里之外的英国伦敦，虽因时差那儿还处于子夜，但伦敦的居民只觉得似乎今天提前天亮了，他们在室外竟然可以凭着这夜光辨认出报上的字句；在那火球的坠落处，半径30千米内的一切顷刻间都化成了焦土，2000平方千米内的树木全部被刮倒，不少参天大树甚至被连根拔起；爆炸发出的冲击波几乎绕地球转了2圈，它不仅把一位农民（离它有60千米远）打昏在地，还击倒了远在240千米外的一匹壮马，而附近的一列火车也差点被颠覆出轨；那些惊心动魄的爆炸巨响更是传出1000千米以外，让世界上几乎所有的地震仪都描下了一段莫明其妙的曲线……

有人说，幸亏那儿是荒芜人烟的原始森林，如果它"误点"5个小时，仍以原轨道砸下，那么，整个圣彼得堡将会遭到灭顶之灾——很可能这座历史名城将从此永远消失！

从事后估计，这个"不速之客"的母体的质量约为 10 万多吨，与 5000 亿吨的 SL－9 彗星根本无法相提并论——小了几百万倍！但就是这样一击，已经让人们觉得非同小可了。而且不可思议的是，这个令世界震撼的"通古斯之谜"，至今仍然困惑着科学家，有人甚至把它列为"20 世纪六大自然之谜"的第一谜。

90 多年过去了，提出过的解说也形形色色，众说纷纭，有的甚至还把它与"外星人"的飞船失事联在一起；也有人认为，它的原始路径与那颗极其年迈的"恩克彗星"轨道十分接近，故可能也是彗星的光临……

其实，能对地球造成塌天大祸的不光是那些可怕的彗星，还有一个无情"杀手"也是不容忽视的，那就是小行星！

小行星本是运行在火星与木星轨道之间的小天体，在已经发现的 7000 多颗中，最大的几颗半径有几百千米，可大多数只是十几千米、几千米大小的小不点。实际上，还有更多、更小的未能发现的小行星只是一些碎石、土块、冰球而已。当然在此范围内的小行星，与我们人类"老死不相往来"，是风马牛不相关的，可是它们中也有一些"不安定分子"，动辄会跑到地球轨道的附近来作乱，这就是让人闻之色变的"近地小行星"。别看它们质量不大，由于它们都在以"宇宙速度"运动，而能量是与速度的平方成比例的，所以，一颗直径千米左右的小行星，就有相当于几百万甚至几千万颗原子弹的能量。现在多数人已经相信，6500万年前，地球上称霸一时的恐龙所以会突然灭绝，其罪魁祸首就是一颗直径 8～10 千米的小行星！当时它落地爆炸的能量足以与 100 万亿吨炸药相比，所掀起的尘土直冲云霄，使得地球上几年不见天日，不少植物也因缺少阳光而枯萎，即使有少数"漏网之鱼"，但也因食物链中断而难逃厄运。

近地小行星确是悬在人类头上的"达摩克利斯之剑"，到 1997 年 5 月为止，天文学家已发现的这类"危险人物"竟有 449

颗之多。尤其值得注意的是近年来又发现了 3 个 "极近地小行星"，如我国北京天文台发现的 1997BR 曾经跑到了离我们只有 75000 千米的地方，这在天文学上简直就像是 "擦边球" 了。

埃里斯宣言

尽管小行星袭击地球的可能性并不很大，有人认为，直径 1 千米的小行星对地球生能造成毁灭性影响的概率，为几百万年一次，而如 SL - 9 这样的危险则要 1000 万到 5000 万年后才有可能。美国行星科学研究所和航天局的科学家在仔细研究、大量统计的基础上，所得到的结论是：（1）每年发生这种严重撞击的概率为 50 万分之一；（2）在今后的 100 年中，发生的概率为 10 万分之一；（3）在人的平均寿命中，遇到这类事件的概率是 20 万分之一。概率虽都很小，但今天人类已经建立了高度发展的文明社会，岂能再经受如此浩劫！正因为这样，许多人发出了 "保卫地球" 的呼声。

科学家们也的确采取了行动。例如，在 1992 年，美国就成立了一个 "防止小行星撞击地球研究小组"，这是一个国际性的学术机构，总部设于美国加利福尼亚。准备在今后的 25 年中，把所有的近地小行星的轨道全部测算出来，先在近期内搞出直径 >2 千米的 "危险人物" 的行踪；并在 5 年中把其中一半的有关资料全部掌握手中。

不久，俄罗斯、日本及中国等国科学家也纷纷行动起来，或制造专用设备，或研究探讨人类应当采取的应对方法。

1993 年 4 月，世界各国天文学家为此特地召开了一次国际学术会议，包括我国天文学家在内的 10 多个国家的 60 多位科学家，相聚在意大利的埃里斯共同商讨这个问题，并得到共识：（1）首先应当制订一个科学规划，对此进行全面的、深入的研究，把那些足以对我们地球形成威胁的近地小行星、彗星的轨道全部测定。根据多种方法估算，它们大约有 2000 多颗，可是目前天文学家"手中"所了解的还不够100颗,因而今后必须下大力气去协同研究;(2)争取在20年的时间中,通过联测,把那些直径>1千米的近地小行星全部编成观测用表,列出它们的所有的数据,以便人们随时观测、及时监视;(3)计划在全球范围内设置6架专门的天文望远镜,它们的口径都在2米以上,让其组成一个"空间警戒网"。这个"空间警戒计划"可以及时发现那些"行为不轨"的小天体,也可以寻找和发现新的可能在21世纪会造成威胁的小行星和彗星;(4)对于已知的近地小行星,通过研究和计算,给出几十年的"预警时间",对诸如SL-9彗星那样的天体,也应给出足够的"预警时间",以让人类可以事先采取有效的措施,来防止来自太空的飞来横祸;(5)研究及掌握消除此类灾害的手段,即研究如何去拦截、炸毁小天体,或者适时改变它们的轨道。多数科学家的意见是,当发现某一小天体有碰撞地球的可能时,我们完全可以发射一枚小小的宇宙火箭,用激光或核武器把它摧毁,也可以飞到它的附近去引爆一个小氢弹,或者从横向喷气,把它推一下,就可使它偏离原来的轨道,化险为夷了。正如澳大利亚天文学家保尔·戴维斯所言,未来技术的发展,使我们有理由相信:"人类将能控制越来越大的物理系统,并可最终避免哪怕是天文尺度上的大灾难。"

会议发表了"埃里斯宣言",指出:"近地小天体的碰撞对于地球的生态环境和生命演化至关重要";要求人们把"现有的天文设备发展成类似'空间警戒网'的系统",但会议着重强调:"减缓近地小天体碰撞威胁的方案,目前还不需要予以考虑。"

因此,人们的忧虑虽然不是空穴来风,但也不必惶惶不可终日,自扰不已。

第三节　扫清自家"门前雪"

自酿的苦酒

现代工业创造出了现代文明，极大地提高了人类的生活水平，推动了历史的进程，这是了不起的巨大成就。但是现在人们终于醒悟，在工业化的同时也出现了环境污染，它正无情地破坏着人类的生存空间，威胁到我们的将来，为治理这一棘手的问题，人类已经付出并将继续付出高昂的代价。

无独有偶的是，人类进入太空的历程也经历着类似的怪圈，在各种人造地球卫星造福人类的同时，也出现了令人烦恼的"太空垃圾"问题。可以说，太空垃圾是人类自酿的一杯苦涩难忍的苦酒。

太空垃圾的成员庞杂无比，除了正常运行的那些人造卫星及某些航天器外，所有在太空中飞行的物体都是这个"杂牌军"的成员：其中有失效了的人造卫星、业已报废的航天器（约占21%）；发射卫星和航天器的末级火箭（约占6%）；火箭的抛出物与人类航天活动中丢弃的各种物品（约占12%）；最多的（约占总数45%）则是与它们"同流合污"的航天器或卫星——被太空垃圾击中后变成的碎片残骸。

据美国空间监测网（SSN）的资料，到1998年止，直径在10厘米以上的碎片至少有9600多个；如以1厘米计，则有3500多万，倘把那些芝麻绿豆大的微粒也算在内，无疑是一个"天文数字"——几十亿左右，其总重量在3000吨上下。但更令人不安的是，由于它们横冲直撞，不断的"太空灾难"又制造出大量新的太空垃圾，所以其成员每年平均以10%的可怕速率递增着。

统计表明，太空垃圾的分布并不均匀，从轨道讲，它们在倾角100°、83°、70°及63°、偏心率<0.1的区域内最为集中；以高

度计，则密度最大的是离地 600、1000、1400 千米处——这正是人类航天活动的"黄金地区"。由此可见，太空垃圾的危害已是一个相当严重的问题了。

在我们头上乱飞的太空垃圾，不仅降低了天空的能见度，还会对射电波产生散射，干扰人们的短波通信，影响地面对卫星的监控。更可怕的是，由于它们都在以"宇宙速度"乱飞，所携带的巨大能量有极大的破坏性。即使是那些肉眼不易觉察的微粒，轻则会让卫星的热控层变粗变毛，重则使此镀层脱落，从而影响卫星内的温度控制；而那些毫米大小的碎片就有可能击穿卫星的外壳，破坏里面的仪器设备；更大的垃圾对于卫星而言，则是无情的杀手了。第一个"受难者"是美国的一个用于大地测量的卫星，1975 年 7 月，这个在太空安然运行了 9 年之久的科学卫星被一垃圾击中，顷刻之间它本身也变成了 70 多块太空垃圾；1981 年 7 月 24 日，美国北美航空司令部的人员在荧屏上，见到了又一场"太空灾难"：前苏联的"宇宙 1275 号"卫星被打成 12 块大碎片飞向四方；1982 年，美国的"测地 4 号"也难逃粉身碎骨的厄运；1996 年 7 月，法国的某颗军用卫星的主天线被一块公文包大小的碎片击中，造成姿态失控而无法正常工作……据不完全统计，在不到 25 年的时间内，遭受这种灭顶之灾的卫星多达 22 个！

欧美一些研究机构模拟试验表明，地球同步卫星与面积 > 1 平方厘米的太空垃圾碰撞的概率为 0.021（垃圾数为 1000 时）和 0.16（垃圾为 10000 时）。一个截面为 1000 平方米的空间站 10 年内的碰撞概率达 2.1%。

到今天，太空垃圾对于地面的直接危害也渐露端倪，1978 年前苏联"宇宙 954 号"间谍卫星坠落，1979 年美国"天空实验室"的陨落，1996 年 11 月俄罗斯"火星 – 96"失事，都曾让人捏了一把汗。事实上，太空垃圾变成陨星伤人已于 1988 年开了先例：那年9月，瑞典一位77岁的退休农民，就被从天而降的一块小金属片击伤了右前臂，成为世界上第一个被太空垃圾打中的人；而1998年一块重达225千克的火箭碎片，轰然落在美国得克萨斯州乔治敦，如果落点再偏离45米，那一幢民宅就会大祸临头了。

贻祸无穷的"天葬"

生老病死本是不可抗拒的自然法则，但世上总有人想入非非，企求长生，退而言之，就想要灵魂永久不灭。于是，一些无孔不入的商人也会投其所好，想方设法来满足他们的要求，于是"太空葬"也就应运出笼了。

早在1984年时，英国北英格兰有家殡仪馆就大发广告：他们可以把人"死后的骨灰撒向宇宙"，"让死者的灵魂在太空中得到永生。"当时该馆表示，他们是受美国设在纽约的一个"宇宙信息运输公司"的委托，而开展此项预约登记业务的。尽管实际的"天葬"至少要在3年之后才有可能，但他们说，从现在起，他们已经可以为那些预约者免费保存骨灰。广告还称：他们"能够满足预约者提出的任何要求。"

不想此广告竟会轰动一时，前去咨询、登记者络绎不绝。1987年，美国休斯敦的一个"太空服务公司"正式挂牌，公司的经理是一位"阿波罗"宇航员，名叫唐纳德·斯莱顿。1975年在他51岁时，曾同2个同仁一起登上"阿波罗"飞船，与前苏联的"联盟19号"飞船实现了对接，成为世界上第一次"国际太空大协作"而载入史册。1988年斯莱顿则进一步开出了世界第一个"太空殡葬公司"。

所谓"天葬"，实际上就是在用新技术将死者的尸体进行焚化处理后，将其中部分骨灰装入一个"巡天柩车"内，那是一个长2英寸（5.08厘米）、直径0.4英寸（1厘米）的胶囊管，外形好像一支唇膏。胶囊管内还可附上死者的简况：包括其姓名、生卒时间、简历等等，而在胶囊管外面涂有一层反光物，以便让他的亲属朋友可以在地球上用望远镜来"凭吊"。所收费用是每人 2500～3000 美元，这只比一般的火葬费稍贵几百美元而已，但在太空飞行的这些骨灰可以长久保存下去，因而确实也有相当的诱惑力。

纸上谈兵了十年之后，这项计划终于实施了：1997 年 4 月 21 日，一颗六边形的微型卫星升上了离地 600 千米的太空。卫星的直径约为 1 米，高 1.5 米，自重 200 千克，作为第一次，它装着 35 个人的部分骨灰，除了一个日本的 4 岁小女孩外，其余的都是科学家、教授、作家及名演员，如电视剧《星球大战》的作者罗登·柏格。这批天葬的价格是每人 4800～6400 美元，他们的亲属则得到了一些有关的纪念品和此卫星发射的录像……

生意是兴隆的，所以该公司准备进一步扩大业务，每次发射带上更多的胶囊，以便让更多的人来"享受"这可以"流芳百世"的荣耀。

然而，对于人类的航天活动而言，这种纯商业化的发射，带来的负面影响是十分有害的，即使一切顺利，但所增加的太空垃圾，必将使本来已经拥挤不堪的近地太空更加捉襟见肘，对于已经在太空的卫星构成莫大的威胁，对于今后的发射也会增添不少麻烦。

得失难论"人造月"

1999 年 2 月 4 日，俄罗斯大肆宣扬的第二个"人造月亮"却出师不利，在"进步号"飞船上的那个反光镜未能按照原定的计划自动打开来，尽管当时"和平"空间站上的宇航员几次走出舱外，试用了多种太空作业的方法，但终因回天无术，这个直径达 25 米的伞形装置怎么也无法张开，他们只能眼睁睁地看着它向地球大气层坠去，变成一团火球……而千万个兴高采烈的俄罗斯民众也只能怏怏而归。

　　皎皎明月美轮美奂，融融月色魅力无穷，可惜"月圆不常在"。为此，早在 1929 年德国科学家奥别尔就提出了一个制造"人造月"的设想，可是在他那个时代，这只是水中月、镜中花而已。

　　在进入了太空时代后，此事又被提上了议事日程。美国航天局曾于 1983 年计划，在 20 世纪 90 年代把一个直径 300 米、重 4800 吨的"人造月"送上同步卫星轨道上，以得到一个永不下落的、比满月还亮 10 倍的"人造月亮"，可是高达千亿美元的预算使它腹死胎中。法国也曾想在 1989 年发射一个"空中埃菲尔塔"，以作人类进入 21 世纪的标志——就像百年前埃菲尔铁塔所享受的殊荣一样。这个人造月是一个直径达 7200 米的橡胶圆环，上面嵌有 100 个直径为 5.5 米的反光球，在它升上 800 千米的太空后，这个光环看来就与真的月亮差不多大……遗憾的是，它最后也未能付诸实施。

　　倒是不声不响的俄罗斯却于 1993 年先声夺人，那年 2 月 4 日，"和平"站上的两名宇航员将"进步 M15 号"上的一把"大伞"徐徐打了开来。成功地实现了"旗帜计划"，让人类第一次见到了"人造月"发出的迷人的银光。这把"伞"实际上是一个薄片式结构的反射镜，直径为 20 米，表面上镀有一层只有 5 微米厚的反光层，因此，这两个俄罗斯宇航员亲眼见到了它如一盏巨大的探照灯，一束耀眼的强光向地球射去……

　　可惜它的定向系统不够完善，所以一圈之后，方向发生了改变，亮光移向了太空。再说，这把自重只有 44 千克的大伞，离地高度为 380 千米，绕地球的周期为 90 分钟，故而它在地面上形成的是一条迅速移动的光带，在这条宽 4 千米的光带中，其光强比真正的满月还稍亮一些，美中不足的是，持续的时间只有区区 7 秒钟。与真的月亮根本无法相提并论，何况那天欧洲许多地区的上空乌云密布，加上多数国家事先并无所闻，所以有幸见到这束光芒的人真是寥寥无几。

尽管这第一炮很不完善，与希望用以增加俄罗斯广大北方地区的日照的初衷相距甚远，而且它也不会有美丽的月面激起人们的诗情画意，但还是赢得了一片热烈的欢呼和高度的赞扬，我国也曾把此列为"1993年世界十大科技新闻"的亚军。正是受此胜利的鼓舞，他们才搞了这第二次试验，哪知会功亏一篑。

然而，对于此类试验也有不少人一开始就激烈反对，就是在俄罗斯本土，也有人持否定态度，如俄科学院院士亚布洛科夫当时就提出批评："如若那条烦死人的、明晃晃的光带扫过鸟兽的栖息地，叫它们还怎能睡觉？森林在夜间还要不要呼吸？"生态学家、环境学家也是纷纷抨击，他们认为，无端扰乱动植物的生物钟，干扰动物圈，乃是一种"无知的狂妄之举"，还有许多民众也认为"不应当这样向天上白白扔钱"，即使那次试验费用仅只百万卢布。其实，最有意见的应是天文学家，因为人造月必然会使黑夜不再，严重的"光污染"会使整个天文观测陷入瘫痪状态。美国史密斯天体物理中心的天文学家格林说，简直无法想像，不再暗黑的星空将是一个什么景象，而人类花了巨资建成的天文仪器及特大型望远镜也将再无用武之地，对于太空灾难的监测也将成为一句空话，这岂非叫人不寒而栗！

如若再考虑到由此所增添的太空垃圾，人造月的功过问题确实值得人们深思再思。

清除垃圾刻不容缓

日益严重的太空垃圾问题终于引起了人们的关注，美国天文学家阿瑟·克拉克预言："太空时代有可能在50年内终止。未来的宇航员将无法穿越人类自己布下的'地雷阵'。"事实上，联合国也在1999年5月便发出了"太空垃圾将堵塞空间轨道"的警告，并召集了61个国家的专家在维也纳商讨紧急的应对措施。

但是，如何处理这些太空垃圾，却又是一个相当棘手的问题。看来首要的关键是应当尽量减少它们的"出生率",如若将来不能做到无多余发射,就很难从根本上解除这个祸患。当然,目前的科学技术还无法达到这个要求,那就只能尽可能地减少垃圾的生成,具体的办法不外乎有:(1)改进设计,让末级火箭在完成任务后主动脱离轨道;以便可在大气低层自行焚毁;(2)加固火箭与卫星,如分隔螺栓、仪器装置的盖子等,尽量不使其脱落;(3)使用新的油漆涂料,以免日后在太空中剥离脱开,形成讨厌的垃圾;(4)尽量避免无意的引爆操作,例如,把用剩的推进剂送到将要报废的末级火箭中去;(5)禁止出于其他目的对正在轨道上的卫星或飞船进行人为的引爆行为,尤其是在低轨道上更应严格禁止。如果这些措施都能全部彻底地落实,则可以使得太空垃圾的增长得到有效的控制。

除此之外,为尽量减少太空垃圾对各种航天器的危害,也应:(1)优化保护层的设计制造,加厚那些易受撞击部位处的涂层,为保持总质量不变,可适度减少其他地方的涂层厚度;(2)增大减震设备与衬板之间的间隔,改进衬板的制作工艺和材料;(3)加固关键部位,如航天员的生活舱、工作舱、外部的储能系统(如油箱),同时使用多层绝热保护和屏蔽保护。这些措施可以有效地对付那些小粒子的袭击,而对于较大的太空垃圾,则应采取比较灵敏的"预警装置",当一旦有10厘米以上的不速之客袭来时,可以及时改变航天器的轨道,进行紧急避让。

对于已经生成的太空垃圾,人们应当采取多种方法来加以消除。有人提出,在每次发射前,多设计一台火箭发动机,通过地面人员的遥控,可以对那些行将变为太空垃圾的东西再次加速,使它们能再上升几千千米,甚至推向更为遥远的太阳系空间,这样,它们也就不会对卫星等构成威胁了;也有人建议,在低轨道的那些航天器外部,装上一个特制的"减速气球",当这些航天器完成了历史使命,行将报废时,该气球便会自动打开来,使得航天器的运行速度大为降低,从而坠入地球大气层内自行焚毁;还有人设计了"机器人"之类的"太空清道夫",如美国科学家拉马哈里建议,在太空中放置 12 个"太空垃圾箱",对于那些小垃圾,它可"轻舒猿臂",用机械手把它们抓获,如遇上个别的大家伙,它会发出激光,先行切割成小块,再尽收囊中,每箱可容纳 12 吨垃圾,在箱内装满之后,或者将它们一起坠入大气层销毁;或将它们发到外太空中,有价值的也可设法运回地球……

当然,从本质上讲,太空垃圾不光是一个科学技术问题,同时还涉及到政治、经济、法律、伦理等很多方面,而且也决不是一二个国家的局部问题,它是人类面临的共同挑战。目前,一些航天大国如美国、俄罗斯、日本、欧共体等,都在积极制订有关太空垃圾观测、空间环境等法律法规,但这些文件如果没有广大的第三世界参预和认可,都将成为一纸空文。因此,创建与规范相应的国际法律法规,以逐渐控制、降低太空垃圾的危害,已是世界各国多数科学家的一致共识。

第四节　新世纪的太空探测

加速重返月球

积几十年太空探测的经验和教训,太空飞船的制造应当向小型化、低成本的方向发展。如"伽利略"、"卡西尼"这样的综合性大型飞船虽也是不可或缺的,但以后的主要精力应放在小型飞船上。只要设计巧妙、使用得当,它们同样会取得不可小看的业绩。

1998 年美国航天局发射的"月球探测者"就是一个极好的例子。是年 1 月 6 日,它从肯尼迪航天中心顺利升空,这个高 1.5米、直径 1.4 米、仅重296 千克的圆柱形无人飞船,造价只有 2000 万美元(阿波罗计划花了 250 亿,是它的 1200 倍),10

日，它抵达月球上空，并在 100 千米的空中沿着月球的极地轨道绕转起来。科学家给它的任务有二，一是绘制月球的三维地图，二是寻找上面有无水存在。

它不负众望，一个多月后，就传来了振奋人心的好消息，它在月球两极地区的环形山底部果然发现了水的踪迹，从所得资料看，那些地方的干土中可能有大量的冰碴，如把其中所含的水全部还原出来，大约有 60～100 亿吨，足以形成一个面积 10 平方千米、深 10 米的湖泊。经过这一年半的努力，它已圆满完成了所有的任务。在它"生命"的最后时刻，即 1999 年 7 月 31 日，它还以其"血肉之躯"向一个所测含水的环形山迎头撞去，以让人能做出更正确的分析……尽管科学家们并没见到预期的水蒸汽升起，不免让人有些疑惑，但"月球探测者"的巨大成功加速了人们重返月球的激情。

自 1972 年阿波罗登月结束以来，人们一直在为重返月球而努力，这不仅是因为它就在地球的"家"门口，可以作为将来星际飞行的最好基地，而且月球上的丰富资源也是一笔巨大的财富。其中最让人感兴趣的就是地球上极其缺少的氦 3（^3He），这是一种可用来进行聚变核反应的原料，有位上过月球的地质学家认为，只要 25 吨氦 3，它所发出的能量就足以满足美国一年的能源需求。更为诱人的是，用氦 3 进行的核反应，设施非常简易，还不会产生难以处理的、有放射性的废料。月球的这种氦 3 就在表层不深处，加上它的引力只有地球的 1/6，开采起来不会有什么大的困难，这真是再理想不过了。

月面上没有大气，天空永远是乌黑的，不会再有白天黑夜的限制，同样的仪器就能见到更多、更微弱的天体；同时，没有大气也就不会有风霜雨雪的困扰，任何望远镜都可不间断地进行连续性的工作。对于天文学家说来，还有一个引人之处是，因月面上的重力很小，就能在月面上制造出更大得多的巨型望远镜，以能更好地窥测宇宙深处的奥秘。

为了重返月球，美国早在 1988 年就制定了"开路先锋"的计划，在纪念登月 30 周年的大会上，美国总统曾向世界宣布："美国要重返月球，要向火星进军。"1994 年 5 月召开的一次国际学术会议上，也定出了 30 年后让人类再上月球的计划。

乐观主义者认为，在公元 2000 年后，月球上就可能会有一些类似于房屋之类的设施出现，人们会在那儿试种庄稼；到 2020 年时，已有了一个可供各国科学家来月球作科学研究和考察的"月球基地"；2025 年时，将兴建大规模的"月球城"，城内有各种保证长期居住的设备；2040 年则在城内将会发展起专门的住宅区、商店、农场、仓库甚至还有娱乐场所……到了 2050 年，则就可正式向月球大规模移民，形成一个有 10 ~ 15 万人口的"月球城"。

当然，这一切目前还都是"纸上谈兵"，问题的焦点之一是所需的天文数字般的巨额资金从哪儿来？有人估计，即使是一个供 10 人居住的"月球村"，就需要 800 亿美元的巨额费用。不过在月球上发现存在水的消息传出后，成本将会大幅度降低，这些水一旦提取出来，不但可满足日常的生产、生活所需，还可从中电解出氧气和氢气，前者可供人呼吸，后者又是一种高效而洁净的能源。

千万不要以为这是天方夜谭，在 20 世纪 50 年代初，谁能想到人类真能征服宇宙呢？已故的以色列总理拉宾有一名名言："人们的成功源于他们的梦想。"所以只要持之以恒地努力，我们一定会战胜一切困难，实现伟大的目标。

揭开彗星之谜

尽管在 20 世纪时，科学家对于彗星已有了深入的研究，甚至已有几个无人飞船对若干彗星进行了"现场采访"，使人类对它的认识已有了极大的提高。但也正因为人们研究的不断深入，发现它们乃是太阳系及生命发展中的一个极为关键的"人物"，因而，科学家们要揭开彗星之谜的愿望也更加迫切。

美国航天局的"宇宙尘"计划也就应运而生，这是一个十分大胆而又富有想像力的太空计划，最早于 1995 年提出，这是集航天局、科研机构和许多大学智慧的产物，其中心是它最终将飞至离彗星不到 100 千米的极近处，进行实地取样，并把这些彗星物质带回地球上来，以让科学家们进行面对面的研究，计划预算的费用为 2 亿美元。

1999 年 2 月 7 日 21 时 04 分（北京时间为 8 日 10 时 04 分），美国航天局用"δ－2"火箭把重 385 千克的"星尘号"无人探测器发射升空，26 分钟后，它顺利进入绕太阳运转的椭圆轨道。巧妙的是，此轨道与地球、"怀尔德－2"彗星的轨道都有交点，通过地球引力的几次加速，它将于 2004 年 1 月 2 日与这颗"保存得最好"（因它从不飞到离太阳很近的地方，故挥发较少）的彗星相遇，这个外形有些像公用电话亭的探测器，将以 6.1 千米每秒的速度，在彗尾中运行 10 个小时，同时进行对彗星的近距拍摄。为了避免彗星中微粒对飞船的损害，它的外面有一层特别设计的防撞罩。在此期间，探测器所带的一个重 46 千克的、形状如乒乓球拍的捕获器自动打开，以收集彗星及其挥发物的粒子。这个捕获器是用世界上密度最小的物质——气凝胶制成的，故可使进入其中的粒子降低速度，最后停止运动。此外，它的光谱仪将能得到粒子的有关强度、密度等数据；导航相机同时会提供彗核的精细近影照片。

更令人拍案的是，在它完成了既定的任务后，它就会自动踏上返回之路，到 2006 年 1 月，它再次回到地球附近，15 日，它调整姿态，以 12 千米每秒的巨大速度冲进地球大气层，探测器当然会变作一团火焰，但那个捕获器却会靠降落伞，安然无恙地回到美国犹他州盐湖城东南 160 千米的沙漠中。

别看捕获器所捕获的彗星物质非常小，都是微米级的东西，肉眼还根本无法看清，但它们却是最确切的太阳系的最原始的材料，包含着行星如何形成的丰富信息，甚至还可从中获得生命起源的线索。

1999年美国航天局又出新招：准备斥资2.4亿美元发射"重击号"彗星探测器，它将于2005年7月飞抵"坦普尔－1"彗星附近时，向该彗星发射一个重500千克的铜弹，铜弹以每秒10千米的巨大速度撞去。估计此一重击，将会在彗星上造成一个足球场大小、深几十米的大坑。而这一过程的所有数据将及时传回地球，科学家们从中可以弄清彗星的结构。由于当时彗星离我们的距离只有1.34亿千米，所以借助天文望远镜，人们也可见到这一壮观的奇景。

与此同时，欧空局（ESA）也雄心勃勃，于1996年拟订了"罗塞塔"计划：准备在公元2003年用"阿丽亚娜"火箭，发射出一枚无人彗星探测器——"罗塞塔"飞船。"罗塞塔"原是大英博物馆内珍藏的一块古埃及的解谜石碑，探测器用此名是喻意它可以揭开太阳系起源之谜。

1999年7月，欧空局在伦敦展出了罗塞塔的模型，它探测的目标是一颗名为"维尔坦"的、肉眼一般很难见到小彗星，估计其直径为1500米，离地球约4.5亿千米，绕太阳的周期为5.46年；它的向阳面上温度在－50摄氏度左右，背阴面上则只有－180摄氏度。

罗塞塔上天之后，并非直接飞向目标，而是先后两次掠过地球、一次飞近火星、还会与两个小行星"擦肩而过"，在与地球及火星的交会中，它能借助行星的引力加速，然后从彗星后面跟上目标，并进一步绕彗星运转。当彗星行至近日点附近时（2012年），它将发出一个重100千克的小仪器登上彗星，在安全着落后，它用一把带有倒钩的叉子插入彗星，就像船只抛锚一样，以使它有充裕的时间来作实地研究，最初的计划还要挖取彗星的样品带回地球，可惜后来因经费问题而只能割爱了。就这样该项计划的费用也达 1．2 亿马克。

可以相信，揭开彗星之谜的日子不会太远了。

开发小行星

小行星自 19 世纪初被天文学家发现以来，在很长一个时期里一直备受冷落，但近地小行星的来访，使人们对其刮目相看，并使它们变成了人们又关注又害怕的"大明星"。

其实，对于这些"小兄弟"固然不应冷淡，但也没有必要闻之色变。在航天时代，小行星还有它特殊的用途。早在 20 世纪 70 年代，不少有识之士就提出了开发小行星的设想，有人甚至认为，将来它们还可为人类提供另外的生存空间。

更为现实的是，小行星上有丰富的矿藏，尤其是那些"金属型（M）小行星"，虽然它们在小行星家族中仅占 5％ 的比例，但现在知道，小行星的队伍十分庞大，即使以 10 万计，那就有 5000 多。任意开采一个，也会创造出惊人的财富。而且，在小行星上开采甚至比月球还方便得多，这是因为小行星上几乎没有重力，飞船停泊极为方便，根本不需要作轨道设计、搞什么软着陆之类的程序；第二，几千米大小的小行星在实际上不会有黑夜，所以可以最大限度地利用太阳能（在月球上每月都有长达 2 星期的时间照不到太阳）；第三，多数小行星上含有水，这对于开发作业极为有利；更重要的是，在小行星上可以直接挖掘，一般没有土层阻隔，而且挖出的物质本身就是可直接使用的金属，省却了冶炼的工序，而对它们的冶炼得耗费巨大的财力、物力和精力——需知在 70 年代时，世界上光用于冶炼铁矿的煤，竟占整个煤产量的 15％！更不必再说矿山、高炉、矿渣又会对多少地方造成环境污染，对它们的治理不消说又要兴师动众，大费周折。

M 型小行星中最大的是第 16 号"灵神星"。据测，该星的直径约 250 千米，科学家们依照其组成算出，"灵神"实际上是个骇人的"大财神"，因为它拥有铁 5 亿亿吨、镍 5000 万亿吨，其他稀有金属也都是以亿吨计。当然绝大部分的 M 型小行星都很小，一般不过 1 千米上下，如 1986 年发现的两颗近地小行星 1986DA、1986EB。但不难推出，它们每一个都可为人类提供 69 亿吨铁、8 亿吨镍、4000 万吨钴、800 万吨铜及不少其他金属，总的价值在 5000 万亿美元以上。

很多 M 型小行星又是近地小行星，它们有时会跑到离我们很近的地方，这无疑又是一个有利因素。曾获诺贝尔奖的瑞典天文学家阿尔文说："在人类登上月球之后，宇宙飞船的下一个目标应是去小行星。"还有不少人甚至主张把那些有价值的小行星拖到地球附近……

为此，美国航天局于 1996 年专门发射了"尼尔"、1998 年发射了"深空 1 号"，前者是小行星的专用飞船，后者则另有探测火星、彗星的使命。尼尔在 1997 年曾到达离第 253 号小行星"马蒂尔达"1200 千米的近处，在 25 分钟内拍了 500 张极为清晰的小行星的近距照片。1998 年 12 月，它到达了主要目标"爱神星"的附近，由于出了一些偏差，这次只取得了部分成功。好在计划中它将于 2000 年 2 月再次拜会爱神，并将成为绕其旋转的卫星，这必将能对其进行极为周到而细致的研究，得到有很高价值的资料。深空 1 号在 1999 年 7 月曾飞到一古老的小行星"布拉耶"身旁 15 千米处，这也是有史以来，与小行星最近的记录，可遗憾的是，这个美国人大肆渲染的"有多项创新技术"的新一代飞船，当时的摄像机竟未能对向目标，以致传回地球的是一批空白照片！

小行星的巨大价值也吸引了一些商人。美国的一个电脑软件商、53 岁的吉姆·本森就看中了第 4660 号"海神星"。据测，这颗 M 型小行星的直径有几十千米，而且它在公元 2002 年将会游弋到离地 400 万千米的近处。为了要做世界上第一个"小行星开发商"和"太空矿工"，他不惜把自己的公司出售给他人，以此来启动他那雄心勃勃的计划，所用的飞船已经请人设计完毕，飞行的轨道亦已拟定：长 2 米、直径 1 米的无人飞船将于 2001 年升空，先后要 6 次绕过地球和月球，以获得它们的引力来加速，省却许多燃料，飞船最终要在小行星表面上降落……即使这样精打细算，预算仍在 5000 万美元以上。以致他的一些亲友说他的"脑子肯定出了问题"。不过，他也得到了许多人的赞赏，甚至航天局的官员丹尼尔·戈尔丁也非常欣赏这个大胆的计划，还极力为其作义务宣传。

不管吉姆·本森的计划能否取得最后成功，可以肯定的是，人类终将向太空进军，开发小行星为人类造福的日子已经指日可待了。

利用、改造行星

从现在看，太阳系内能适合人类生存的环境只有一个地球，火星之外的 5 颗行星（木星、土星、天王星、海王星及冥王星）离太阳太远，平均温度已低得让地球生命无法承受；而离太阳最近的水星却热过了头。剩下的火星和金星，以目前的境况言，地球生命在那儿依然是无法驻足的。然而，它们毕竟是我们的"左邻右舍"，从本质上讲，这两个行星上存在着生物活动的基本条件。因而，很早就有人提出了"改造行星"的大胆设想。

金星上的可怕高温主要是因为温室效应失控而造成的，所以卡尔·萨根就提出，将来在人们培养出某种生命力极强的藻类或微生物后，可以将它们播在金星的大气中，它会充分利用其大气中所有一切微量的水蒸气，从而在金星的大气中求得生存，只要它们一旦获得立足点，这些毫不起眼的"小精灵"就会得寸进尺，慢慢地向金星的大地飘落，开始时当然是十分"壮烈"的，在烤箱那样的环境中迎接它们的肯定是死神。但是它们在死亡之前仍能做出贡献——消耗掉一些二氧化碳,而且在被烤焦之后,它们本身在被碳化的同时,会释放出氧气和碳的微粒。由于它们本身具有极强的繁殖能力,可以在金星的大气高层成倍成倍地增长,所以经过一个相当时期,这些藻类就可以把金星大气中的二氧化碳逐渐还原成碳和氧,于是,可怕的温室效应恶性循环就此终止。只要消除了这个因素,大气压的问题也会迎刃而解,金星就有可能成为又一个生命的栖息地。毕竟金星与地球有许多共同之处,金星表面上的重力与地球只相差 12%,粗心者还不一定会发觉呢。

也有人主张,可以向金星投送一二颗彗星,以 10^{18} 千克的质量计,它们的熔融、气化所吸收的热量高达 10^{21} 千卡,这就会使其立即大幅度地降温,并开始出现液态水,这就有可能将大气层中的二氧化碳和一些酸类溶解于水内,待降落地面后即会与岩石发生化学反应。于是,大气的透明度增加了,温室效应也就减小了;同时所生成的硫酸盐和碳酸盐又会析出水来,并继续吸收大气中的二氧化碳和二氧化硫……启动了良性循环,也会使金星得到彻底的改造,成为人类又一个乐园。

对于比地球稍远的火星,关键是如何增加它的能量。因此,大体的方案是:在火星的轨道上放上若干个巨大的反射阳光的装置,就像俄罗斯搞的"人造月"那样,只是规模再扩大多少倍而已;再在其四周建立一些"工厂",让它们生产出臭氧和能增大温室效应的气体。这样在几十年之后,就有可能在火星的周围形成一层较厚的、温度适宜的二氧化碳圈,这时再设法投入类似细菌、酵母之类的微生物,它们会在活动中释放出氧气,与此同时,由于温室效应提高了火星的表面温度,两极处的极冠之中的冰也会有部分化为液态水,形成一个可让复杂生命得以生存的生态环境。

也有人主张直接利用火星的两个卫星，把它们变成接受太阳能的基地，再用微波把能量送到火星上；或者让机器人到火星上去钻井，建造地热发电厂及核电站；至于大气的改造，同样可以借助于藻类——而且放到火星上去的藻类，甚至于可以先在我们的南极加以培养，优化，以后再送往火星……

对于如木星这样无法变成生命乐园的行星，也自有其他的用途，它们都可以作为人类星际旅行的"加油站"。20 世纪发射的"伽利略"、"卡西尼"等飞船，都已经用上了让行星的引力来加速飞船的先进技术，从而大大减轻了飞船的重量，节省了许多费用。

除此之外，木星和土星大气中丰富的氦又是一笔巨大的财富。尤其是其中的氦 3，更是一种不可多得的飞船的燃料。有了这样的取之不尽的加油站，人类就可飞得更远。

当然，这样宏大的工程并不容易，可能要有几百年的时间才能收到成效，但我们相信，21 世纪将是这一切的良好开端，凭着"愚公移山"的精神，人类必将飞出"摇篮"，不仅移居月球、火星和金星，而且会走向宇宙，创造出更加伟大而灿烂的文明。

参 考 文 献

1. 中国天文学史整理研究小组，《中国天文学史》，科学出版社，1981 年。
2. 陈久金，《天文学简史》，科学出版社，1985 年。
3. 陈久金，关于商丘火星台研究，《传统文化与现代化》，1997 年第 6 期 P50 – P56。
4. 张明昌，肖耐园，《天文学教程（上册）》，高等教育出版社，1987 年。
5. 朱慈盛，《天文学教程（中册）》，高等教育出版社，1987 年。
6. 张明昌，《宇宙索奇》，江苏少年儿童出版社，1998 年。
7. 张明昌，《天体演化》，南京大学出版社，1997。
8. 宣焕灿，《探索宇宙的历程》，台湾科技图书公司，1997 年。
9. 宣焕灿，《天文学史》，高等教育出版社，1992 年。
10. 江晓原，《历史上的占星学》，上海科技教育出版社，1995 年。
11. 林德宏，《科学思想史》，江苏科学技术出版社，1985 年。
12. 《中国大百科全书·天文学》，中国大百科全书出版社，1980 年。
13. 叶式辉，《太阳》，科学普及出版社，1982 年。
14. 卞德培，《万古奇观》，科学普及出版社，1996 年。
15. 约翰·D·巴罗著，卞毓麟译，《宇宙的起源》，上海科学技术出版社，1995 年。
16. 卡尔·萨根著，周秋麟等译，《宇宙》，吉林人民出版社，

1998 年。

17. 弗拉马利翁著，李珩译，《大众天文学（上、中、下）》，科学出版社，1965，1966 年。

18. F·N·巴什著，王鸣阳等译，《通俗天文学》，科学普及出版社，1986 年。

19. 鲁道夫·基彭恰恩著，沈良照译，《千亿个太阳》，湖南科学技术出版社，1981 年。

20. S·温伯格律，冼鼎昌等译，《最初三分钟》，科学出版社，1981 年。

21. 根脱·保尔著，吴文昌译，《造福人类的应用卫星》，知识出版社，1984 年。

22. I·S·什克洛夫斯基著，黄磷等译，《恒星的诞生、发展和死亡》，科学出版社，1986 年。

图书在版编目(CIP)数据

现代科技中的天文学/张明昌著.—3版.—太原:山西教育出版社,
2012.1
(科学前沿丛书/甘师俊,陈久金主编)
ISBN 978-7-5440-5048-7

Ⅰ.①现…　Ⅱ.①张…　Ⅲ.①天文学-普及读物　Ⅳ.①P1-49

中国版本图书馆 CIP 数据核字(2011)第 182426 号

现代科技中的天文学

XIAN DAI KE JI ZHONG DE TIAN WEN XUE

责任编辑	郭志强
复　审	薛海斌
终　审	刘立平
装帧设计	王耀斌
印装监制	贾永胜

出版发行	山西出版传媒集团·山西教育出版社
	(太原市水西门街馒头巷7号　电话:0351-4035711　邮编:030002)
印　装	山西人民印刷有限责任公司
开　本	850×1168　1/32
印　张	6.5
字　数	154 千字
版　次	2012 年 1 月第 3 版　2012 年 1 月山西第 1 次印刷
书　号	ISBN 978-7-5440-5048-7
定　价	13.00 元

如发现印装质量问题,影响阅读,请与印刷厂联系调换。电话:0358-7641044